计算机辅助服装设计

郭东梅 卫向虎 主编

东华大学出版社

全国服装工程专业（技术类）精品图书

纺织服装高等教育「十二五」部委级规划教材

U0377623

内 容 提 要

本书从典型服装案例入手，由浅入深地介绍如何使用Photoshop进行服装人体设计与服装效果图设计、如何使用CorelDraw进行服装款式图设计以及如何使用富怡服装CAD进行服装纸样设计和排料设计。本书图文并茂，强调内容的实用性、规律性和系统性，每个章节后面都有专门的知识小结和练习，小结更加重视计算机辅助服装设计软件学习的连贯性、延伸性和规律性，注重引导读者通过举一反三，进行不断地自我提高，具有很强的实用性。

本书蕴涵了作者丰富的教学经验与服装设计的实践经验，既可以作为高等院校服装专业的计算机辅助服装设计的理论与实训教材，也可供服装企业的设计师和打板师作为技术参考资料使用。

图书在版编目（ＣＩＰ）数据

计算机辅助服装设计/郭东梅，卫向虎主编. 一上海：东华大学出版社，2014.4

ISBN 978-7-5669-0335-8

Ⅰ.①计⋯　Ⅱ.①郭⋯　②卫⋯　Ⅲ.①服装设计—计算机辅助设计　Ⅳ.①TS941.26

中国版本图书馆CIP数据核字（2013）第175866号

责任编辑：张　煜
封面设计：潘志远

计算机辅助服装设计

郭东梅　卫向虎　主编

出　　版：东华大学出版社（上海市延安西路1882号）

邮政编码：200051　电话：（021）62193056

出版社网址：http://www.dhupress.net

天猫旗舰店：http://dhdx.tmall.com

发　　行：新华书店上海发行所发行

印　　刷：句容市排印厂

开　　本：787mm×1092mm　1/16　印张：16.5

字　　数：412千字

版　　次：2014年4月第1版

印　　次：2014年4月第1次印刷

书　　号：ISBN 978-7-5669-0335-8/TS·423

定　　价：35.00元

郑小飞　杭州职业技术学院达利女装学院
侯东昱　河北科技大学纺织服装学院
高亦文　河南工程学院服装学院
吴　俊　华南农业大学艺术学院
闵　悦　江西服装学院服装设计分院
陈东升　闽江学院服装与艺术工程学院
杨佑国　南通大学纺织服装学院
史　慧　内蒙古工业大学轻工与纺织学院
孙　奕　山东工艺美术学院服装学院
王　婧　山东理工大学鲁泰纺织服装学院
朱琴娟　绍兴文理学院纺织服装学院
康　强　陕西工业职业技术学院服装艺术学院
苗　育　沈阳航空航天大学设计艺术学院
李晓蓉　四川大学轻纺与食品学院
傅菊芬　苏州大学应用技术学院
周　琴　苏州工艺美术职业技术学院服装工程系
王海燕　苏州经贸职业技术学院艺术系
王　允　泰山学院服装系
吴改红　太原理工大学轻纺工程与美术学院
陈明艳　温州大学美术与设计学院
吴国智　温州职业技术学院轻工系
吴秋英　五邑大学纺织服装学院
穆　红　无锡工艺职业技术学院服装工程系
肖爱民　新疆大学艺术设计学院
蒋红英　厦门理工学院设计艺术系
张福良　浙江纺织服装职业技术学院服装学院
鲍卫君　浙江理工大学服装学院
金蔚苔　浙江科技学院艺术分院
黄玉冰　浙江农林大学艺术设计学院
陈　洁　中国美术学院上海设计学院
刘冠斌　湖南工程学院纺织服装学院
李月丽　盐城纺织职业技术学院
徐　仂　江西师范大学科技学院
金　丽　中国服装设计师协会技术委员会

随着科学技术的发展和人民生活水平的提高，消费者对个人服饰品味的不断追求，促使服装生产向着小批量、多品种、高质量和短周期的方向发展，为此服装企业都在力求对市场需求不断作出快速反应。使用数字化服装技术，特别是计算机辅助服装设计技术成为服装企业对市场做出快速反应的重要手段。

Photoshop 是一款集图像扫描、编辑修改、图像制作、广告创意以及图像输入与输出于一体的图形图像处理软件，能够同时进行多图层处理，其绘画功能与选取功能使编辑图像变得十分方便，图像变形功能可以用来制造特殊的视觉效果，十分适合于处理服装效果图；CorelDraw 则给设计师提供了矢量动画、页面设计、网站制作、位图编辑和网页动画等多种功能，用于绘制服装款式图十分便捷。因此 Photoshop 和 CorelDraw 强大的设计能力一直备受服装设计师的青睐，在行业内应用广泛。

富怡服装 CAD 系统是基于 Windows98/2000/XP™ 操作平台开发的全中文环境的专业服装辅助设计软件，服装设计与放码系统、富怡服装 CAD 排料系统界面友好，工具图标直观简洁，功能强，使用该系统可以极大提高服装制板和排料的工作效率，具有很强的实用价值，非常适合在校学生学习以及服装企业使用。

本书内容分三个板块，五个章节。第一个板块，即第一章，简要概述了数字化服装技术的应用领域、计算机辅助服装设计的现状和趋势，以及三个软件的基础知识，帮助读者对计算机辅助服装设计有个初步了解；第二板块，包括第二、三、四章，主要以案例的形式分别介绍了如何使用 Photoshop 进行服装效果图设计、如何使用 CorelDraw 进行服装款式图设计以及如何使用富怡服装 CAD 系统进行服装纸样设计和排料设计。第三个板块即第五章，是知识整合章节，根据服装设计生产的流程，通过案例，系统介绍了如何应用三个软件进行服装设计。

本书由郭东梅任主编，卫向虎任副主编。第一章和第四章由郭东梅编写，第二章和第三章由卫向虎编写，第五章的第一、二、三、四节由卫向虎编写，第五、六、七节由郭东梅编写，全书由郭东梅统稿、审稿。

本书的作者都是长期在高校从事服装专业教学的一线教师。在本书编写过程中，参考了相关同类书籍和网上资料，并得到了富怡服装 CAD 系统重庆代理处朱绪英老师提供的软件和技术支持，在此一并表示的感谢。

由于作者水平有限，加之时间仓促，书中错误之处在所难免，敬请广大读者批评指正。

作　者

2013年3月

目 录

第1章
概　　述

主要内容

　　本章介绍了数字化服装技术的应用领域、计算机辅助服装设计的现状和发展趋势、Photoshop、CorelDraw和富怡服装 CAD 系统的功能与界面。

重点

　　认识 Photoshop、CorelDraw 和富怡服装 CAD 系统的界面。

学习目标

　　认识 Photoshop、CorelDraw 和富怡服装 CAD 系统的界面。

1.1 数字化服装技术简介

随着科学技术的发展和人民生活水平的提高，消费者不断追求个性化服饰，促使服装生产向着小批量、多品种、高质量和短周期的方向发展，为此服装企业都希望能对市场需求作出快速反应，使用数字化服装技术可以提高服装企业的市场反应速度。

利用电子计算机软硬件、周边设备、协议、网络和通讯技术为基础的信息离散化表述、定量、感知、传递、存储、处理、控制、联网的集成技术称为数字化技术，数字化技术与服装制造技术结合，就形成了数字化服装技术。

数字化服装技术在服装行业的应用主要有以下几个方面：计算机辅助服装设计（Computer Aided Design，简称服装 CAD）、计算机辅助服装制造（Computer Aided Manufacture，简称服装 CAM）、柔性加工系统（Flexible Manufacturing System，简称 FMS）、计算机辅助人体测量（Computer Aided Testing，简称 CAT），以及计算机辅助服装管理（Management Information System，简称 MIS）等等，其中计算机辅助服装设计应用最为广泛。

1.2 计算机辅助服装设计简介

1.2.1 计算机辅助服装设计的现状与发展趋势

计算机辅助服装设计系统是现代科学技术与服饰文化艺术相结合的产物，是集服装款式设计、服装纸样设计、服装放码、服装排料和计算机图形学、数据库、网络通讯知识于一体的现代化高新技术，其用于实现服装产品开发和工程设计。

计算机辅助服装设计系统在服装行业的应用始于 20 世纪六七十年代。最初主要应用于排料，其排料功能最大限度地提高了面料的利用率和生产效率。美国的格柏（Gerber）公司和法国的力克（Lectra）公司开发了最早的计算机排料系统。随着 CAD 系统功能的不断扩大，放码作为 CAD 系统的第二功能开始出现。所谓放码就是根据基础板推出其他全部号型的板来。这一功能可以节省大量时间。但是服装设计师们对计算机在图形处理方面的功能认识得较晚，直到 20 世纪 80 年代末，服装设计系统才首次投放市场，其主要应用方式是扫描已有的资料，如图片、照片或面料，然后对图像进行修改从而产生新的设计。

目前的服装 CAD 系统一般包括服装款式设计、服装纸样设计、服装放码、服装排料、服装工艺设计和试衣系统几部分。服装 CAD 系统提供的款式设计、纸样设计、放码和排料等功能虽然极大地提高了服装生产的效率和产品的质量，信息收集存储也十分方便，但是不同 CAD 软件的数据接口不兼容，专业术语不统一，仅满足于平面制图、二维试衣、静态试衣，与服装生产的上游即面料设计脱节等不足也日趋明显，因此根据市场需求确定服装 CAD 技术研究发展的方向就十分重要。随着计算机技术、图形学和服装技术等相关技术门类的发展，服装 CAD 技术的发展总体趋于标准化、智能化、集成化、立体化、虚拟化和网络化。

1. 标准化

标准化是科学管理的重要组成部分，是实现现代化生产的重要手段。建立科学可行的服装 CAD 技术标准体系有助于促进我国服装 CAD 技术的发展，有助于提升我国服装 CAD 技术的市场竞争力。据不完全统计，目前国内外的各种服装 CAD 软件有上百种之多，一方面各种软件之间的数据接口不兼容，数据相互转换困难，给不同企业之间的纸样数据传输和使用造成不便。因为各个企业的规模不同，因此购入的服装 CAD 系统也各有差异，但是不同企业之间通常有生产合作或者技术合作，如设计公司与加工企业之间，大型服装企业与小型加工企业之间通常有业务交流，因为购入的 CAD 系统不同，服装 CAD 数据的交流就十分不便，迫使部分企业无法承接相关业务。另一方面，各个软件中的专业术语差异很大，对于同一服装部位或者同一软件功能，其术语五花八门，操作起来十分不便。因此建立各种服装 CAD 的技术标准，如产品数据转化标准，数据信息表示和传输标准，服装 CAD 技术术语标准等将会成为服装 CAD 技术研究和发展的趋势之一。

2. 智能化

随着新一代计算机技术和人工智能技术的发展，知识工程、专家系统已逐渐渗透到服装 CAD 系统中。服装纸样设计在服装生产过程中起着承上启下的作用，纸样技术的好坏直接影响服装企业的生存。应用传统的服装 CAD 系统进行纸样设计，不仅需要样板师具有熟练的电脑操作技能，还需要样板师具有娴熟的纸样设计技术、丰富的面料经验和人体知识，但培养一个成熟的样板师需要 5 ~ 10 年甚至更长的时间，因此建立智能化的服装 CAD 系统，将优秀样板师的制板经验、面料性能参数、人体测量数据进行数据分析，编成程序存入电脑，就可以使服装 CAD 系统拥有类似于专家解决实际问题的推理机制。网络服装定制 MTM 系统的理论基础就是上述强大的专家智能系统，通过三维人体测量获得个人的人体尺寸，然后服装 CAD 系统会根据人体尺寸和款式，自动到纸样库里调用与该人体体型最相似的纸样，并进行纸样调整，制成毛板，进行排料，进入自动裁床裁剪，最后进入吊挂系统进入生产环节。服装 CAD 技术的智能化是提高企业生产水平，实现服装企业自动化生产的重要手段，因此智能化已经成为服装 CAD 技术发展的重要趋势之一。

3. 立体化与虚拟化

迄今为止，大多数服装 CAD 系统都是以平面图形学为基础的，无论是款式设计、纸样设计还是试衣系统，其中的基本数学模型都是二维模型。随着人们对服装质量的要求越来越高，设计师希望能脱离传统的平面设计，样板师希望在设计好平面纸样后就能看见服装穿着在顾客身上的效果，因此服装 CAD 技术迫切需要由当前的平面设计、静态设计发展到三维设计、动态和静态相结合的虚拟设计。服装 CAD 技术的立体化、虚拟化发展的市场前景广阔，首先它可以代替传统的样衣制作，样板师无需配备样衣工也可直观看到服装的成形效果，并能进行修改，节约了时间和人力成本；其次它可以代替传统的立体裁剪，设计师只在电脑上即可进行立体造型和纸样设计，无需使用真实的模特和面料，节约了成本；最后它还可以满足顾客虚拟试衣的要求，无论是网购还是现场购物的顾客，只需要输入相应的人体数据，选定相应的服装款式，即可看见自己的着装效果，十分方便。当然随着科技的发展，服装立体化、虚拟化技术还将应用于生产和生活的更多方面。

4. 网络化

随着生活节奏加快，越来越多的人愿意在网上购物，服装 CAD 技术网络化有助于服装企业拓宽销售渠道、扩大市场影响。目前的服装 CAD 网络化技术还无法很好地满足消费者对个性化产品的需求，因此在未来，在网络上建立充满个性的服装部件库、款式库和面料库，使消费者足不出户即可参与到个性化服装的设计中来。在计算机网络上，消费者可以根据个人喜好选择不同的面料、部件组合服装，输入相应的人体数据，服装 CAD 系统的网络化、虚拟化功能可使消费者马上看到自己的着装效果，其一旦确认订单，服装 CAD 的智能化功能就可使其服装进入大规模定制系统进行生产，即以规模化的成本生产出个性化的服装。

综上所述，服装 CAD 技术的发展前景广阔，同时也充满挑战。

本书主要讲解如何应用 Photoshop 进行服装效果图设计、如何应用 CorelDraw 进行服装款式图设计以及如何应用富怡服装 CAD 进行服装纸样设计和排料设计。

1.2.2 使用Photoshop进行服装效果图设计

Photoshop 是 Adobe 公司旗下最为出名的图像处理软件之一，Photoshop 系列软件的每个版本都是以版本号的递增作为名称，比如 Photoshop 6.0、7.0 等。但从 8.0 版本开始，Adobe 不再延续原来的命名方法，改称为 Adobe Creative Suite（创作套件，简称 CS），其中的 Photoshop 8.0 也随之更名为 Photoshop CS。本书应用的版本是 Photoshop CS3。

Photoshop CS3 软件的安装非常简便，读者只需要运行安装软件中的 Setup.exe 文件，然后按照提示进行操作，即可完成软件安装。

1. Photoshop 的功能

1）Photoshop 的基本功能

Photoshop 是一款集图像扫描、编辑修改、图像制作、广告创意和图像输入与输出于一体的图形图像处理软件，它可以支持几乎所有的图像格式和色彩模式，能够同时进行多图层处理。它的绘画功能与选取功能使编辑图像十分方便，图像变形功能可以用来制造特殊的视觉效果，自动化操作使用户在设计过程中大幅度地提高了工作效率。

2）Photoshop CS3 的新增功能

在 Photoshop CS3 中，除了常用的基本功能外，还增加了一系列的新功能，该软件从工作界面的改变、选区边缘的显示效果、颜色调整命令中的预设功能、到可以更改的智能滤镜功能与动画功能，均有所增加。

Photoshop CS3 与以往版本工作界面所不同的是，该版本在工具条与调板布局上引入了全新的可伸缩的组合方式，使编辑操作更加方便、快捷。

2. Photoshop CS3 的界面介绍

Photoshop CS3 的界面主要由以下几个部分组成，如图 1-1 所示：

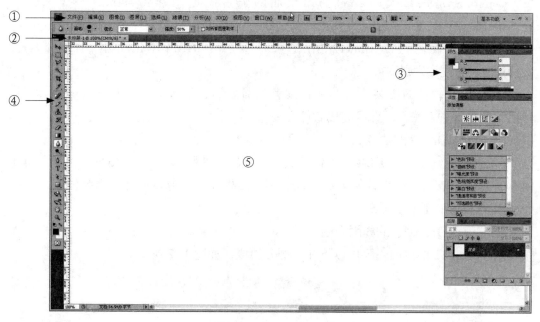

图 1-1　Photoshop CS3界面介绍

① **菜单栏**：是放置菜单命令的地方，包括文件、编辑、图像、图层、选择、滤镜、分析、3D视图、窗口、帮助等十一类菜单命令，每类菜单命令下面又有许多具体的命令和子命令。
② **选项栏**：用于显示工具选项及属性。
③ **控制面板**：可以根据具体情况移动位置或隐藏。通常按照功能分组并存放在一个个小窗口里。
④ **工具箱**：可以根据具体情况移动位置，可以变成两列或者一列，用于存放多种绘图和处理工具。
⑤ **图像编辑窗口**：用于显示、编辑和修改图像。

3. 使用 Photoshop 进行服装效果图设计

服装设计师表现服装款式可以采用效果图和款式图两种方式，服装效果图一般用于表达设计师的创作构想，要求较完整地描绘出着装人体效果图，以写实或者夸张的手法表现服装轮廓造型、内部造型、服装的褶皱、面料花色与质地，要求画得生动自然，而服装平面款式图则是按照服装的平面形态、造型的实际比例，用单色线条绘制，要求线条清晰，服装各部位比例准确，各部位关系清楚，一般只画服装不画人体及其动态变化，对于复杂的结构部位要绘制局部特写图。一般完整的服装设计稿既要求有服装效果图，又要求有正面和背面的款式图。

因为 Photoshop 具有强大的图像处理功能，所以可以在扫描的线描人体或服装草图的基础上，进行人体、服装轮廓造型、内部细节、面料图案肌理等的处理，设计出风格各异的服装效果图来。

1.2.3 使用CorelDraw进行服装款式图设计

CorelDraw 是加拿大的 Corel 公司出品的矢量图形制作工具软件，常见版本有 CorelDraw8、9、10、11、12、X3 以及 2008 年发布的新版本 X4，本书介绍的是 CorelDraw12，新版本与CorelDraw12相比，主要是一些具体的细节变化，基本功能差别不大，在使用时读者注意区别即可。

CorelDraw 软件的安装非常简便，读者只需要运行安装软件中的 Setup.exe 文件，然后按照提示进行操作，即可完成软件安装。

1. CorelDraw 的功能

CorelDraw 给设计师提供了矢量动画、页面设计、网站制作、位图编辑和网页动画等多种功能，其强大的设计能力广泛地应用于广告设计、包装设计、服装设计、文字排版及美术创作设计等领域。

2. CorelDraw12 的界面介绍

CorelDraw12 的界面主要由以下几个部分组成，如图 1-2 所示。

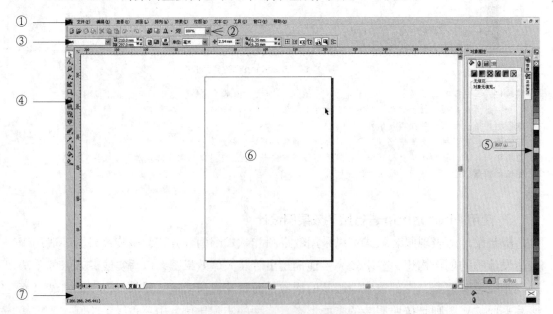

图 1-2　CorelDraw12界面介绍

① **菜单栏**：是放置菜单命令的地方，包括文件、编辑、查看、版面、排列、效果、位图、文本、工具、窗口和帮助等十一类菜单。CorelDraw 12的主要功能都可以通过执行菜单栏中的命令来完成，执行菜单命令是最基本的操作方式。

② **常用工具栏**：在常用工具栏上放置了最常用的一些功能选项并过命令按钮的形式体现出来，这些功能选项大多数都是从菜单中挑选出来的。

③ **属性栏**：属性栏能提供在操作中选择对象和使用工具时的相关属性；通过对属性栏中的相关属性的设置，可以控制对象产生相应的变化。当没有选中任何对象时，系统默认的属性栏中则提供文档的一些版面布局信息。

④ **工具箱**：系统默认时位于工作区的左边。在工具箱中放置了经常使用的编辑工具，并将功能近似的工具以展开的 方式归类组合在一起，从而使操作更加灵活方便。

⑤ **调色板**：调色板系统默认时位于工作区的右边，利用调色板可以快速的选色。

⑥ **工作区**：用于设计和处理矢量图的区域。

⑦ **状态栏**：在状态栏中将显示当前工作状态的相关信息，如：被选中对象的简要属性、工具使用状态提示及鼠标坐标位置等信息。

3. 使用 CorelDraw 进行服装款式图设计

CorelDraw 是设计和处理矢量图的软件，其画线功能非常适合于绘制平面形态的、比例准确的线描服装款式图。

1.2.4 使用富怡服装CAD进行服装纸样与排料设计

富怡服装 CAD 系统是基于 Windows98/2000/XP™ 操作平台开发的全中文环境的专业服装辅助设计软件，可用于服装、内衣、帽、箱包、沙发、帐篷等行业的制图、样板修改、输出样板、放码及排料。

富怡服装 CAD 的工艺部分包括服装设计与放码系统、服装排料系统和工艺单系统。本书主要介绍富怡服装设计与放码系统、富怡服装排料系统两部分。

1. 富怡服装设计与放码系统简介

本部分软件系统主要可以完成服装样板的制图、样板修改、输出样板和放码。

1）主要特点介绍

- 每个图标都有中文提示，主要工具有步骤提示；
- 具有功能齐备的工具和形象的图标，可以适合于不同的打板方法，如原型法、比例制图法等等；
- 尺寸可以自由输入，也可以用软件自带的计算器进行公式输入，自动计算；
- 可以自动加入放码标注；
- 可扫描款式设计图，制图时参考，并可以与纸样一起保存，以备日后查阅；
- 可以与输入设备接驳，进行图像扫描；
- 可以与输出设备接驳，进行小样的打印及 1∶1 纸样的绘制和切割。

2）出样板方式介绍

富怡服装设计与放码系统有三种出样板方式：

- 自动打板

软件中存储了大量的样板库，能轻松修改部位尺寸为订单尺寸，自动放码并生成新的文件，可为快速估算用料提供确切的数据。

自动打板可通过菜单【文档】—【自动打板】—【选取款式】—【自动打板】，输入规格实现。用户也可自行建立样板库，如图1-3所示。

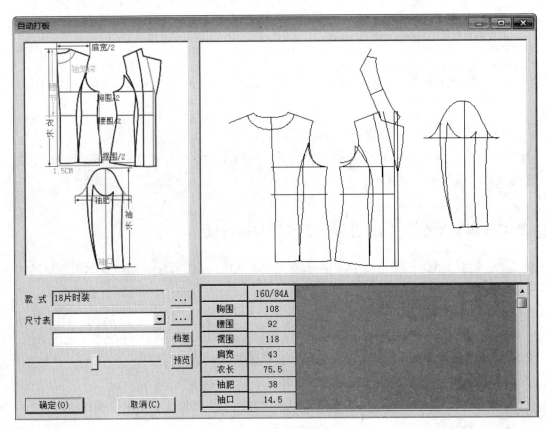

图1-3　自动打板功能

● 自由设计

可根据用户的需求，运用少量工具即可自由完成绘图、制板与放码。

● 手工纸样导入

通过数码相机或数字化仪把手工纸样变成电脑中纸样，可以是单码输入，也可以是齐码输入。

3）界面介绍

自由设计法界面包括以下几个部分，如图1-4所示。

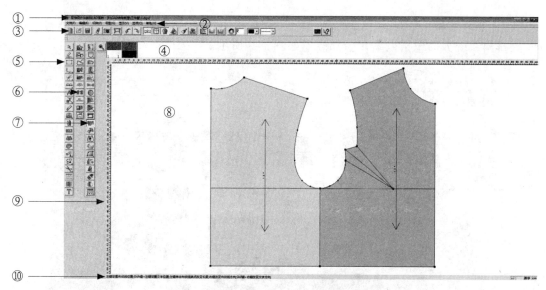

图1-4 自由设计法界面介绍

① **存盘路径**：显示当前打开文件的存盘路径。
② **菜单栏**：是放置菜单命令的地方，包括文档、编辑、纸样、号型、显示、选项和帮助等七类菜单命令。
③ **快捷工具栏**：用于放置常用命令的快捷图标。
④ **衣片列表框**：用于放置当前款式的纸样。纸样框的布局可以通过菜单【选项】—【系统设置】—【界面设置】—【纸样列表框布局】改变位置。可以通过左键单击拖动纸样列表框中的纸样改变纸样的排列顺序；可以双击纸样列表框中的纸样，弹出【纸样资料】对话框对纸样资料进行修改；还可以在这里选中纸样再用菜单【纸样】的子菜单对选中的纸样进行复制、删除和资料编辑；不同布料显示不同的背景颜色。
⑤ **设计工具栏**：该栏存放绘制及修改结构线的工具。
⑥ **放码工具栏**：该栏存放用各种方式放码时所需要的工具。
⑦ **纸样工具栏**：存放着对服装纸样进行细部加工的工具，如加剪口、省道、孔等工具。
⑧ **工作区**：就像一张无限大的纸，工作区中既可设计结构线、也可以对纸样放码、绘图时可以显示纸张边界。
⑨ **标尺**：显示当前使用的度量单位。
⑩ **状态栏**：位于系统的最底部。状态栏对学习服装CAD软件具有非常重要的作用，不但显示当前选择工具的名称，还会显示一些工具的操作步骤提示。需要注意的是不同服装CAD软件的专业术语有所差别，需要读者识别。

　　注意：设计工具栏、放码工具栏、纸样工具栏、快捷工具栏的位置可以自由移动。
方法为：光标指向某工具栏，按住左键拖移即可。

2. 富怡服装排料系统

1）主要特点介绍

● 可以进行自动、手动、人机交互式排料；
● 自动计算用料长度、利用率、纸样总数和放置数；
● 可以进行自动或者手动分床；
● 对不同布料的唛架进行自动分床；
● 对不同布号的唛架进行自动或者手动分床；
● 可以进行对条对格操作；
● 可以与输出设备接驳，进行小样打印或1:1纸样的绘图和切割。

2）界面介绍

排料系统界面包括以下几个部分，如图 1-5 所示。

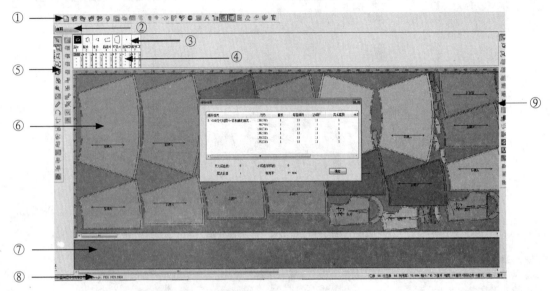

图 1-5　排料系统界面介绍

① **菜单栏**：是放置菜单命令的地方，包括文档、纸样、唛架、选项、排料、裁床、计算、制帽和帮助等九类菜单命令。

② **面料工具匣**：可进行分床排料。

③ **纸样窗**：放置着排料文件所需要的所有纸样。每个纸样放置在一个小格的纸样框内，可以通过拉动纸样框的左右边界调节宽度。

④ **尺码列表框**：每一个小纸样框对应着一个尺码表，尺码表中存放着该纸样对应所有尺码号型和每个号型对应的纸样数。

⑤ **唛架工具匣**：放置着常用命令。

⑥ **主唛架区**：工作区内放置唛架，在唛架上，可以按自己的需要来排列纸样，以取得最省布料的排料方式。

⑦ **辅唛架区**：将纸样按照码数分开排列在辅唛架上，然后按自己的需要将纸样再调入主唛架工作区排料。

⑧ **状态栏**：显示唛架的重要信息。显示所有纸样的各个尺码的衣片总数；放置在唛架上的衣片总数；显示当前唛架上所有纸样在排料图上的布料利用率；显示当前唛架的总长度和所使用面料长度；显示当前唛架的总体宽度；显示当前唛架上的布料折叠排放的层数；显示线型度量单位。

注意，富怡服装设计与放码系统里生成的文件为板图文件，其后缀名为".dgs"，排料系统里生成的文件后缀名为".mkr"。

3. 富怡服装 CAD 软件操作术语解释

1）**单击左键**：是指按下鼠标的左键并且在还没有滑动鼠标的情况下放开左键；

2）**单击右键**：是指按下鼠标的右键并且在还没有滑动鼠标的情况下放开右键；还表示某一命令的操作结束；

3）**双击右键**：是指在同一位置快速按下鼠标右键两次；

4）**左键拖拉**：是指把鼠标移到点、线图元上后，按下鼠标的左键并且保持按下状态滑动鼠标；

5）右键拖拉：是指把鼠标移到点、线图元上后，按下鼠标的右键并且保持按下状态滑动鼠标；

6）左键框选：是指在没有把鼠标移到点、线图元上前，按下鼠标的左键并且保持按下状态滑动鼠标。如果距离线比较近，线条或点会吸附光标，为了避免变成【左键拖拉】，可以先按下 Ctrl 键，再按住鼠标左键并滑动光标；

7）右键框选：是指在没有把鼠标移到点、线图元上前，按下鼠标的右键并且保持按下状态滑动鼠标。如果距离线比较近，线条或点会吸附光标，为了避免变成【右键拖拉】，可以先按下 Ctrl 键，再按住鼠标右键并滑动光标；

8）点（按）：表示鼠标指针指向一个想要选择的对象，然后快速按下并释放鼠标左键；

9）单击：没有特意说用右键时，都是指左键点一下；

10）框选：没有特意说用右键时，都是指左键；

11）F1 ~ F12：指键盘上方的 12 个按键；

12）Ctrl + Z：指先按住 Ctrl 键不松开，再按 Z 键；

13）Ctrl + F12：指先按住 Ctrl 键不松开，再按 F12 键；

14）E s c 键：指键盘左上角的 Esc 键；

15）Delete 键：指键盘上的 Delete 键；

16）小键盘：指键盘右下方的数字键区；

17）箭头键：指键盘右下方的四个方向键（上、下、左、右）。

第2章

使用Photoshop绘制服装效果图

主要内容

　　本章介绍如何使用 Photoshop 绘制服装效果图,主要包括四个方面:一、讲解服装绘画中人体的主要特征及绘制的方法;二、介绍处理服装人体线稿的两种方法;三、使用滤镜制作面料,并将其应用到职业装效果图的绘制过程中;四、借鉴素材,结合素材绘制创意装效果图。

重点、难点

1. 掌握服装人体线稿绘制的要领。

2. 了解并熟练使用路径。

3. 熟悉滤镜在制作服装面料效果方面的功能。

学习目标

　　能独立运用 Photoshop 软件完成服装效果图的绘制

2.1 服装人体线稿处理

2.1.1 服装绘画中的人体结构艺术

1. 服装的人体比例

服装用女子人体，通常以青年女子的体形为主。其体形的一般特征是：从后面看，腰线以下偏长，"三围"的宽度是臀部较宽，肩宽等于或略窄于臀部宽，腰宽最窄，膝关节内倾，与下肢一起构成女子特有的体型曲线；从侧面看，腰线以上的背部较平直，胸部突出，腰线以下的臀部突出，腹部较平坦；从前面看，肩部相对纤弱，腰小臀宽，下肢内倾。

以头长为单位，正常青年女性的身高为 7 个至 7 个半头长。服装用人体一般为 8 个半至 9 个半头长，甚至 10 个以上头长。加长部分主要在下肢。

2. 服装的人体动态

服装造型既需要表现服装的静态美，也需要表现服装的动态美。服装因人体的动态变化而增强服装的表现力。

人体的动态规律可以由"一竖三横"的关系所概括。"一竖"指人体脊椎；"三横"指肩的左、右肩点，腰的两侧，骨盆左右的髂前上棘所连接的三条线，三条横线以脊椎为中轴线，三条横线的倾斜程度与脊椎及相互间的组合关系决定了人体的姿态，也决定了人体重心线的位置。四肢的动向由维持稳定的重心所决定。

3. 头和五官的处理

在服装人体中，头部一般是处于次要的地位，而初学者往往容易把精力放到头部五官的描绘上，这是不妥当的。将头部和五官画得过于精细必然会喧宾夺主，这样就减弱了服装人体所有的本质美感，因此，服装人体的头部一般采用简练而概括的方式处理，但是这种简练必须建立在扎实的绘画基础之上，并不意味着可以草率行事。

4. 手与脚的画法

手与脚在服装人体中起着陪衬和协调的作用，虽然是辅助地位，但是处理得不好则会影响整体的艺术效果。它们和五官一样，既要简洁概括，又要赋予一定的美感。在实际应用中应着重表现手和脚的结构和姿态，而不必去刻画细部结构。要去发现某些比较容易表现的、典型的角度，因为有些角度由于透视关系是无法也不可能画好的，这里也有一定的审美价值体现。

2.2.2 线稿的处理

1. 方法一

1）首先将绘制的黑白手稿通过数码相机或者扫描仪输入到计算机中。扫描格式为灰度模式，分辨率为 300dpi 即可，扫描比例为 100%，对于有些手稿较大的图像，可以分为两次或者多次来扫描，这在以后的 Photoshop 处理中会很容易地恢复原样。在 Photoshop 中打开数码相机所拍摄的黑白线稿，如图 2-1 所示。

2）直接用数码相机拍摄的图像不能直接用来上色处理，要对它进行一系列的调整处理。这是利用 Photoshop 绘制服装效果图的第一步，是进行上色等艺术处理过程的基础准备。使图 2-1 处于编辑状态，按 Ctrl+A 组合键，执行全选。按 Ctrl+C 组合键，执行复制命令复制图层。按 Ctrl+V 组合键，执行粘贴命令粘贴图层。此时，在"图层"浮动面板中会增加一个"图层 1"的新图层，如图 2-2 所示。

3）编辑"图层 1"，执行【图像】—【调整】—【自动调整】命令，如图 2-3 所示。

4）执行【图像】—【调整】—【曲线】命令，弹出曲线对话框，设置如图 2-4 所示，进一步加大图像的亮部与暗部的区别，如图 2-5 所示。

5）在"图层"浮动面板中，单击"创建新图层"工具 ，建立一个新图层"图层 2"，调整"图层 2"与"图层 1"的顺序，设置前景

图 2-1　线稿

图 2-2　增加图层

图 2-3　调整效果

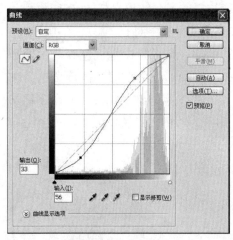

图 2-4 曲线对话框

图 2-5 调整效果

图 2-6 调整透明度

图 2-7 调整效果

色为黑色，背景色为白色，按 Ctrl+Del 填充图层 2，图层 2 变为白色，如图 2-6 所示，更改"图层 1"的透明度，如图 2-7 所示。

6）绘制简单的路径。选择"钢笔工具"，工具栏设置，如图 2-8 所示，用"钢笔工具"在画面中单击，单击的点之间有线段相连。在绘制路径的过程中，并没有直接绘制线段，而是定义了各个点的位置，Photoshop 则在点间连线成型。另外，控制线段形态（方向、距离）的，并不是线段本身，而是线段中的各个点，这些点称为"锚点"。锚点间的线段称为"片段"，如图 2-9 所示。

图2-8　工具栏设置

图2-9　绘制路径

图2-10　直接选择工具

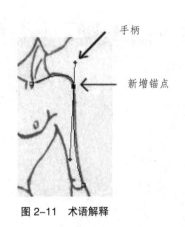

图2-11　术语解释

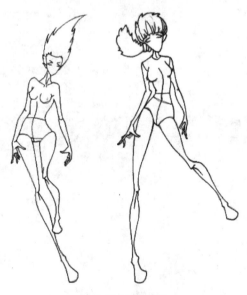

图2-12　调整路径

7）选择"直接选择工具" ⊾ 如图2-10所示，选取要修改的片段，选择"钢笔工具" ◊ ，在所选片段上单击，增加一个锚点，选择"直接选择工具" ⊾ 单击新增加的锚点，在锚点上会出现一条方向线，注意方向线末端有一个小圆点，这个圆点称为"手柄"，用"直接选择工具" ⊾ 单击手柄位置来改变所选片段的曲度，如图2-11所示。

8）依次调整片段，使绘制的路径与图像完全吻合，如图2-12所示。

9）选择"画笔工具" ，按 F5 调出笔刷设置对话框，设置如图 2-13 所示。工具栏设置，如图 2-14 所示，设计前景色为黑色，然后单击"路径"面板下方的"用画笔描边路径工具" 为路径描边，如图 2-15 所示。

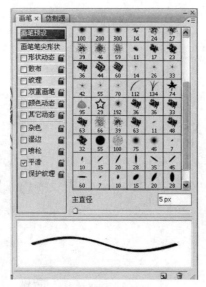

图 2-13　画笔预设对话框

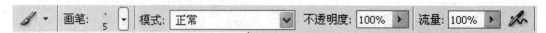

图 2-14　工具栏设置

图 2-15　完成效果

2. 方法二

1）重复操作线稿处理方法一中的 1、2、3、4 四个步骤。

2）在"图层"浮动面板中，单击"创建新图层"工具 ，建立一个新图层"图层 2"，调整"图层 2"与"图层 1"的顺序，设置前景色为黑色，背景色为白色，按 Ctrl+Del 填充图层 2，图层 2 变为白色，然后单击图层 1，使图层 1 处于被编辑状态，如图 2-16 所示。

图 2-16 编辑图层1

3）执行【选择】—【色彩范围】命令，弹出"色彩范围"对话框，用"吸管工具" 吸取黑色，将色彩容差值设置为 200 如图 2-17 所示，单击"确定"按钮得到效果，如图 2-18 所示。

4）执行【选择】—【反向】命令，或者使用 Ctrl+Shift+I 组合键，执行反选，如图 2-19 所示，按 Del 键删除线稿之外的杂色（多按几次 Del 键，确保删除干净），效果如图 2-20 所示。

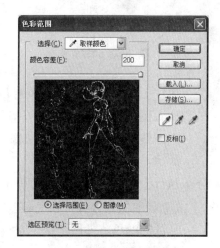

图 2-17 色彩范围对话框

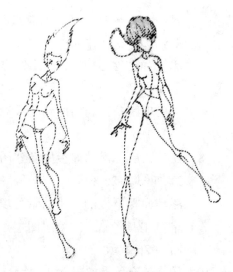

图 2-18 建立选区

图 2-19 反向选择

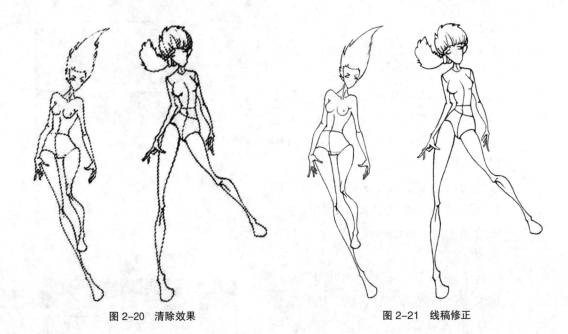

图 2-20　清除效果　　　　　　　　　　　　图 2-21　线稿修正

5）执行【选择】—【取消选择】命令，或按 Ctrl+D 执行取消选择，然后按 Ctrl++ 放大图像，仔细检查有没有断线和污点。如有断线，用"画笔工具" ✍ 补上断线，如有污点，用"橡皮擦工具" ✍ 将其擦除，修正后效果如图 2-21 所示。

6）执行【选择】—【色彩范围】命令，弹出"色彩范围"对话框，用"吸管工具" ✍ 吸取黑色，将"颜色容差"设置为 200，单击"确定"按钮，按 Del 键删除选区的颜色，如图 2-22 所示。

图 2-22　删除线稿颜色

7）打开"路径"浮动面板，按 Alt 键 +"从选区生成工作路径" ⬭，弹出"建立工作路径"对话框如图 2-23 所示，设置容差为 0.5 像素。单击"确定"按钮，会出现线条很均匀的路径线如图 2-24 所示。

8）在"图层"浮动面板中新建图层 3，如图 2-25 所示，单击"路径"浮动面板下方的"用前景色填充路径工具" ⬤，关闭图层 1 如图 2-26 所示。

9）最终填充效果如图 2-27 所示。

图 2-23 工作路径对话框

图 2-24 建立工作路径

图 2-25 新建图层3

图 2-26 关闭图层1

图 2-27 完成效果

2.1.3 小结

本节介绍了服装人体绘制中的要领：服装人体的绘制，整体上要把握比例、动态，细节上要注意头、五官、手和脚的处理。重点讲解了 Photoshop 软件处理服装人体线稿的两种方法：

1. 方法一：用钢笔工具绘制服装人体的路径，选择画笔工具进行描边处理，其中用直接选择工具调整路径是一个重点。

2. 方法二：执行"色彩范围"命令，建立选区，将选区转化为路径，然后填充路径，其难点在于运用"色彩范围"建立选区之前，必须保证线稿的质量，比如线稿的清洁度、线稿线条的流畅度等。

练习题：

1. 根据服装绘画中人体绘制的要求，绘制两个姿态不同人体线稿图。
2. 分别运用两种不同的方法处理绘制的人体线稿。

2.2 职业装效果图绘制

2.2.1 职业装的分类及特征

职业装依据行业特点大致可以分为四大类：职业时装、职业制服、工装和防护服，是融标志性、时尚性、实用性及科学性于一体的，具有行业特点和职业特征，能够体现团队精神和服饰文化的标识性服装。

1. 职业时装

职业时装主要是指 "白领"和部分政府部门的着装，既谓之"时装"，顾名思义，其设计偏向于时尚化和个性化，通过将优秀的企业文化统一、有组织、标准化地系统传播，充分展示企业或部门形象，增强内部凝聚力，从而使企业或部门具有更强的竞争力和公信度。

职业时装一般在服装质地、制作工艺、穿着对象及搭配上有较高要求，表现为造型简约流利、修身大方。

2. 职业制服

职业制服是大众最为熟知的职业装,包括：商业行业 (工厂、商场、航空、铁路、海运、邮政、银行投资、旅游、餐饮、娱乐、宾馆酒店等)、执法行政部门 (军队、警察、法院、海关、税务、保安等) 和公用事业单位 (科研、教育、学校、医院、体育等) 的着装。

对于职业制服，首先强调的是标志性和统一性，其次是功能性。标志性和统一性体现在行业要求上要能鲜明体现行业特征，比如税务、海关等。具有鲜明标志性的制服，既能增加其权威感，又能体现亲和力。功能性则主要体现在工种需要和穿着者感受上。合理的职业装从设计到材料运用，既能起到防护作用，又能使穿着者感觉舒服，从而提高工作效率。

3. 工装

工装运用的范围非常广泛，其重点应考虑功能性和安全性，辅以实用性和标志性。工装的适用范围一般包括一线生产工人和户外作业人员等，其对工作着装的功能性要求严格。如在野外作业的石油工人，其工装不仅要适应在沙漠环境中的视觉突出性，还要具有防油污、防水、防寒、防尘、防火和防化学侵蚀等特殊功效。

4. 防护服

防护服其实是基于工装改进而来的一种适用特殊要求的服装，其在具有一般工装的功能基础上，特别强调其防护作用，主要是基于特殊工作环境的安全需要。防护服除服装外，还包括鞋靴、帽盔及各种外挂功能设备等。

综上所述，职业装作为服装产业中的重要一支，越来越受到社会的重视，其在行业上的使用也越来越广泛，那是社会竞争和人们生活审美意识的进步，是自我宣扬的一种表示，代表一种无声的语言。

2.2.2　职业装效果图绘制

1. 职业装效果图线稿处理

1）首先将画好的黑白手稿通过扫描仪输入到计算机中。分辨率为300dpi，扫描比例为100%。在Photoshop中打开扫描手稿保存的路径图像，扫描后的手稿显示在Photoshop的界面中，如图2-28所示。

2）执行【文件】—【新建】命令，或者按快捷键Ctrl+N，弹出对话框设置如图2-29所示，单击"确定"按钮。其中，分辨率设置为300dpi，颜色模式为CMYK颜色（主要为满足打印输出及印刷的要求），作为一般练习用图，分辨率设置在100～200dpi就够了，分辨率越高，图像越清晰。

3）扫描的黑白线稿和新建的文件同时显示在Photoshop中，如图2-30所示，单击黑白扫描线稿窗口，使其处于编辑状态，按Ctrl+A组合键，执行全选。按Ctrl+C组合键，执行复制命令复制图层。关闭"人体"黑白扫描线稿窗口，使新建文件窗口处于工作状态，按Ctrl+V组合键，执行粘贴命令粘贴图层，如图2-31所示"图层"浮动面板中会增加一个"图层1"的新图层。

图2-28　线稿图

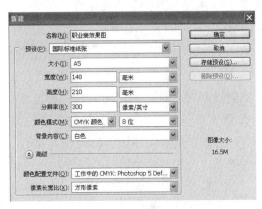

图 2-29　新建文件

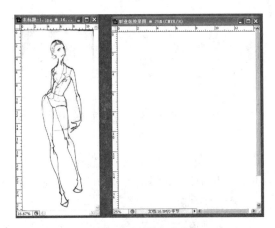

图 2-30　线稿与新建文件

图 2-31　新建图层1

图 2-32　粘贴线稿　　　图 2-33　调整线稿

4）执行粘贴命令后，图层 1 中的图像过大，如图 2-32 所示，按 Ctrl+T 组合键，执行自由变换命令调整图像大小，在调整图像大小过程中，按 shift 键保持图像比例不变如图 2-33 所示，图像大小调整合适后，按 Enter 键确认。

5）将"图层 1"的不透明度设置为 50%，如图 2-34 所示。单击"图层"浮动面板中的"创建新图层工具" ，新建"图层 2"如图 2-35 所示，使用"钢笔工具" 绘制人体轮廓（参照"人体线稿处理方法一"），选择"画笔工具" ，画笔大小设置为 1 像素，不透明度为 100%，设计前景色为黑色，单击"路径"面板下方的"用画笔描边路径工具" 为路径描边，如图 2-36 所示。

6）单击"图层"浮动面板中的"创建新图层工具" 新建"图层 3"，使用"钢笔工具" 绘制衣服轮廓，

图 2-34　更改透明度

图 2-35　新建图层2

图 2-36　透明度更改效果

选择"画笔工具" ，画笔大小设置为 1 像素，不透明度为 100%，设置前景色为黑色，单击"路径"面板下方的"用画笔描边路径工具" 为路径描边，如图 2-37 所示。

7）关闭图层 1 和图层 3，在"图层 2"上单击右键，执行"图层属性"命令，在弹出的对话框里，将名称"图层 2"更改为"人体线稿"，或者双击"图层 2"三个字样，"图层 2"三个字样处于编辑状态，将其更改为"人体线稿"，单击左键完成更改如图 2-38 所示。按 Ctrl++ 此处放大"人体线稿"图层，检查人体线稿是否完全闭合，如有断线，选择画笔工具进行修正如图 2-39 所示。

2. 皮肤颜色绘制

1）选择魔棒工具 ，工具栏设置为添加到选区 ，在"人体线稿"图层中建立选区，建立选区的时候，可以使用 Ctrl++ 组合键或者 Ctrl+ —组合键改变图像大小方便选取，效果如图 2-40 所示。

2）设置前景色如图 2-41 所示，单击"图层"浮动面板下面的创建图层工具 ，创建一新图层，将其名称更改为"肤色"，按 Alt+Del 组合键，执行填充前景色命令，效果如图 2-42 所示。

图 2-37　线稿路径描边

图 2-38　更改名称

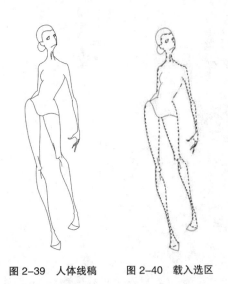

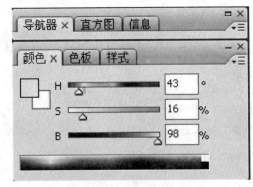

图 2-39   人体线稿   图 2-40   载入选区   图 2-41   颜色设置

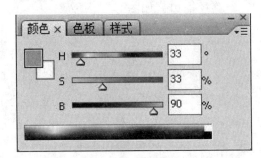

图 2-42   填充颜色   图 2-43   颜色设置

3）单击"图层"浮动面板下面的创建图层工具 ▣，创建一新图层，将其名称更
　　改为"肤色暗部"，选择画笔工具 ✎，颜色设置如图 2-43 所示，根据需要改
　　变画笔工具的大小及不透明度设置，绘制皮肤暗部效果如图 2-44 所示.

4）按 Ctrl+E 组合键，执行向下合并命令，按 Ctrl+D 组合键，执行取消选择命令，
　　打开图层 3，双击"图层 3"三个字样，将其名称更改为"衣服"如图 2-45 所示。

5）选择魔棒工具 ✳，工具栏设置为添加到选区 ▣，在衣服图层上建立选区，效
　　果如图 2-46 所示。

6）单击"皮肤"图层，使其处于编辑状态，按 Del 键删除选区中的皮肤，效果如图 2-47
　　所示，按 Ctrl+D 组合键，执行取消选区命令，选择橡皮擦工具 ✐，擦除臀部
　　多余的部分，效果如图 2-48 所示。

图2-44　绘制明暗

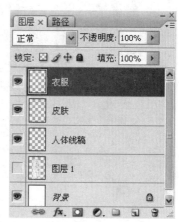

图2-45　更改名称

图2-46　载入选区

图2-47　清除肤色

图2-48　修正人体

3. 面料制作

1）执行【文件】—【新建】菜单命令，设置参数如图2-49所示，单击确定按钮确认。

2）单击工具箱中的前景色图标■，弹出"拾色器"对话框，如图2-50所示，选择自己喜欢的颜色，单击"确定"按钮确认。

图2-49　新建文件

图2-50　颜色设置

图 2-51　填充

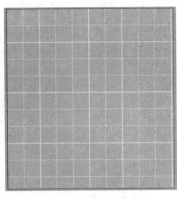

图 2-52　拼贴效果

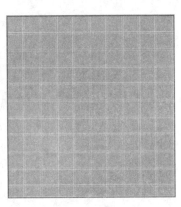

图 2-53　碎片效果

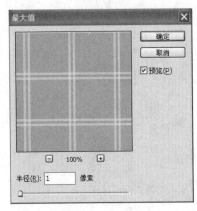

图 2-54　最大值设置对话框

3）从工具箱中选择"油漆桶"工具 ，在新建的画面中单击，选好的颜色即被填充到面料中，如图 2-51 所示。

4）执行【滤镜】—【风格化】—【拼贴】菜单命令，弹出"拼贴"对话框如图 2-52 所示，设置拼贴数为 10，最大位移为 1％，填充空白区域用背景色，单击"确认"按钮确认。

5）执行【滤镜】—【像素化】—【碎片】命令，方格面料的单线就变成双线，如图 2-53 所示。

6）执行【滤镜】—【其他】—【最大值】菜单命令，弹出最大值对话框，数值设置如图 2-54 所示，单击"确定"按钮确认，方格面料的白线就加粗了，如图 2-55 所示。

7）按 Ctrl+T 组合键，执行自由变换命令，按顺时针方向旋转 45 度，如图 2-56 所示，单击 Enter

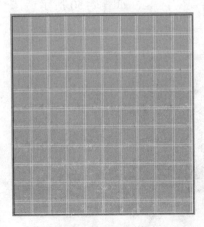

图 2-55　最大值效果

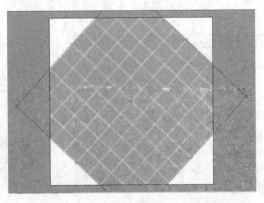

图 2-56　旋转面料

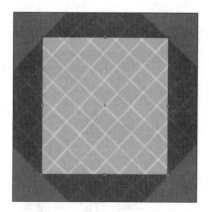

图 2-57　裁剪面料

图 2-58　添加杂色对话框

图 2-59　添加杂色效果

图 2-60　动感模糊对话框

图 2-61　动感模糊效果

图 2-62　添加杂色对话框

键进行确认，选择裁切工具，进行裁切如图 2-57 所示，单击 Enter 键进行确认。

8）执行【滤镜】—【杂色】—【添加杂色】菜单命令，弹出添加杂色对话框，参数设置如图 2-58 所示，单击确定按钮确认，面料上出现杂色，效果如图 2-59 所示。

9）执行【滤镜】—【模糊】—【动感模糊】菜单命令，弹出"动感模糊"对话框，参数设置如图 2-60 设置，单击"确定"按钮确认，面料效果如图 2-61 所示。

图 2-63　添加杂色效果

10）再次执行【滤镜】—【杂色】—【添加杂色】命令，参数设置如图 2-62 所示，单击"确定"按钮确认，最终效果如图 2-63 所示。

11）单击右键，执行复制图层命令，将图层 1 副本的混合模式变为正片叠底如图 2-64 所示，按 Ctrl+E 执行向下合并命令，双击"图层 1"三个字样，将名称

图 2-64　更改混合模式

图 2-65　合并图层

图 2-66　面料效果

图 2-67　新增图层2

图 2-68　面料位置

更改为"面料"如图 2-65 所示，面料制作完成效果如图 2-66 所示。

4. 服装的绘制

1）单击"面料"图层，按 Ctrl+A 组合键，执行全选命令，按 Ctrl+C 组合键，执行复制命令，关闭面料窗口，单击职业装效果图窗口中的"皮肤"图层，按 Ctrl+V 执行粘贴命令，在图层浮动面板中，新增加一个"图层 2"如图 2-67 所示，选择移动工具 ，将面料移到合适的位置，按 Ctrl+T 组合键，执行自由变换命令，改变面料的大小如图 2-68 所示。

2）双击"图层 2"三个字样，将名称更改为"面料"，单击"衣服"图层，使其处于编辑状态，选择魔棒工具 ，工具栏设置为添加到选区 ，利用"衣服"图层，将上衣部分载入选区，载入选区时，可以按 Ctrl++ 或 Ctrl+- 来调整图像的大小，选区载入完成后效果如图 2-69 所示，执行【选择】—【反向】命令，进行反选，单击"面料"图层，按 Del 键删除多余面料，按 Ctrl+D 组合键，执行取消选择命令，效果如图 2-70 所示。

3）单击浮动面板中的创建新图层工具 ，创建一新图层，将名称更改为"上衣"如图 2-71 所示，选择画笔工具 ，颜色设置如图 2-72 所示，根据需要改变画笔的大小、不透明度及颜色的饱和度、明度等属性，绘制上衣的暗部和亮部，效果如图 2-73 所示。

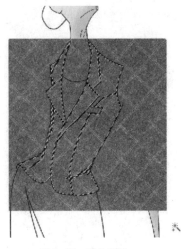

图 2-69　载入选区

图 2-70　清除多余面料

图 2-71　更改名称

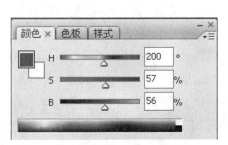
图 2-72　颜色设置

图 2-73　绘制上衣明暗

图 2-74　更改名称

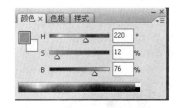
图 2-75　颜色设置

4）单击浮动面板中的创建新图层工具 ，创建一新图层，将名称更改为"裙子"如图 2-74 所示，选择画笔工具，颜色设置如图 2-75 所示，根据需要改变画笔的大小、不透明度及颜色的饱和度、明度等属性，绘制裙子的暗部，效果如图 2-76 所示。

5. 头发和眼睛的绘制

1）单击人体线稿图层，使其处于编辑状态，单击浮动面板中的创建新图层工具 ，创建一新图层，将名称更改为头发，如图 2-77 所示，选择画笔工具 ，颜色设置为黑色，根据需要改变画笔

图 2-76　裙子绘制

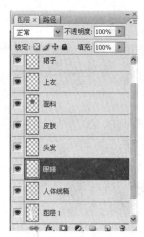

图 2-77　更改名称　　　　　图 2-78　头发绘制　　　　　图 2-79　更改名称

图 2-80　眼睛底色

图 2-81　眼睛绘制

大小和不透明度，绘制头发暗部，注意头发亮部的留白，用加深和减淡工具对头发的颜色明暗进行适当的调整，丰富头发的层次，选择涂抹工具 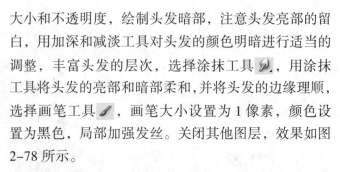，用涂抹工具将头发的亮部和暗部柔和，并将头发的边缘理顺，选择画笔工具 ✐，画笔大小设置为 1 像素，颜色设置为黑色，局部加强发丝。关闭其他图层，效果如图 2-78 所示。

2）单击人体线稿图层，使其处于编辑状态，单击浮动面板中的创建新图层工具 ⬜，创建一新图层，将名称更改为眼睛，如图 2-79 所示，选择画笔工具 ✐，颜色设置为黑色，绘制眼睛的暗部及眉毛，在眼睛的灰部调入一些墨绿色来丰富眼睛的色彩如图 2-80 所示，选用浅绿色来绘制眼睛的亮部，最后用白色绘制眼睛的高光，效果如图 2-81 所示。

6. 鞋子的绘制

1）单击图层浮动面板中的创建图层按钮 ⬜，创建一个新图层，将名称更改为"鞋子"，选择画笔工具 ✐，颜色设置为黑色，绘制鞋子的暗部，鞋子亮部留白，执行【滤镜】—【模糊】—【方框模糊】命令，参数设置如图 2-82 所示，单击"确认"按钮确认，复制鞋子图层，将鞋子副本图层的混合模式改为正片叠底，如图 2-83 所示，选择橡皮擦工具，擦除多余部分，效果如图 2-84 所示。

图 2-82 高斯模糊对话框

图 2-83 鞋子副本

图 2-84 鞋子效果

图 2-85 背景层

2）单击图层浮动面板中的创建图层按钮，创建一个新图层，将名称更改为"背景"如图 2-85 所示，选择画笔工具根据需要改变画笔的大小和不透明度，绘制背景，最终完成效果如图 2-86 所示。

2.2.3 小结

职业装成为服装行业中的一个重要组成部分，本节将职业装大致分为四类：职业时装、职业制服、工装和防护服，并且归纳出四类的职业装的重要特征，比如职业时装的时尚性、职业制服的标识性、工装的功能性以及防护服的特殊防护功能等。另外，重点介绍了 Photoshop 软件绘制职业装效果图的一般步骤：

1. 将设计好的效果图扫描或者用数码相机拍摄，导入 Photoshop 软件中，利用钢笔工具，绘制路径，运用画笔工具为路径描边，完成线稿处理。

2. 绘制服装面料，使用滤镜工具，增强服装材质绘制的真实感。

图 2-86 完成效果

3. 利用衣服线稿建立选区，将服装面料载入选区进行处理。

4. 用画笔工具，对效果图的细节进行处理，完成效果图的绘制。

当然，这是我们处理服装效果图的手法之一，大家在学习过程中，可以参考但不可拘泥。

练习题：

1. 根据职业装的特征要求，分别设计四款风格不同的职业装。

2. 利用滤镜功能，绘制其他材质的面料（比如迷彩面料、色织布等）。

3. 将绘制的面料，运用到自己设计的职业装中，利用 Photoshop 软件绘制效果图。

2.3 创意服装效果图绘制

2.3.1 创意服装的概念与特征

创意服装是通过较为特殊的视觉形式和情感语言，表达设计者的某种思想、感情、态度和看法等的一种服装形式。创意服装重在内容和形式的创意和表现，它有别于日常生活中的实用性服装。创意服装设计在设计造型、工艺手法上，特别是在材料运用、结构处理、设计语言表达等方面更多地强调创新立意和突出视觉效果，创意服装设计在设计理念上明显受后现代设计思潮的影响。创意装的特点表现在三个方面：一、具有极大的超前性和新奇性；二、淡化实用功能，强调艺术与风格；三、注重对服装造型和面料的开拓。

2.3.2 创意服装效果图绘制

1）首先将画好的黑白手稿通过扫描仪输入到计算机中，如图 2-87、图 2-88 所示。

2）执行【文件】—【新建】命令，或者按快捷键 Ctrl+N，弹出对话框设置如图 2-89 所示，单击"确定"按钮。

3）扫描的黑白线稿和新建文件同时显示在 Photoshop 中，如图 2-90 所示，单击"人体"黑白扫描线稿窗口，使其处于当前工作状态，按 Ctrl+A 组合键，执行全选。按 Ctrl+C 组合键，执行复制命令复制图层。（此时也可以关闭"人体"黑

图 2-87　人体线稿　　　　图 2-88　衣服线稿　　　　图 2-89　新建文件

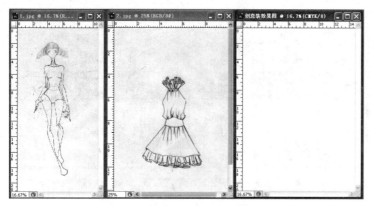

图 2-90　线稿与新建文件

图 2-91　新增图层

白扫描线稿窗口），使新建文件窗口处于工作状态，按 Ctrl+V 组合键，执行粘贴命令粘贴图层。如图 2-91 所示"图层"浮动面板中会增加一个"图层 1"的新图层。

图 2-92　透明度更改

4）将"图层 1"的不透明度设置为 50%，如图 2-92 所示。单击"图层"浮动面板中的"创建新图层工具" ▣，新建"图层 2"如图 2-92 所示，单击"图层 2"使其处于工作状态，使用"钢笔工具" ✿ 绘制人体轮廓，选择"画笔工具" ✐，笔刷大小设置为 1 像素，不透明度为 100%，颜色设置为黑色，单击"路径"面板下方的"用画笔描边路径工具" ◎ 为路径描边，如图 2-93 所示。

5）双击"图层 2"三个字样，"图层 2"三个字样处于编辑状态如图 2-94 所示，将其更改为"人体线稿"，单击左键完成更改，如图 2-95 所示。按 Ctrl++ 放大"人体线稿"图层，检查人体线稿是否完全闭合，如有断线，选择画笔工具进行修正。

6）关闭"图层"浮动面板中的"图层 1"如图 2-96 所示，选择魔棒工具 ✦，工具栏设置为添加到选区 ◧，在"人体线稿"图层中，建立选区如图 2-97 所示。

7）设置前景色如图 2-98 所示，单击"图层"浮动面板下面的创建图层工具 ▣，创建一新图层，将其名称更改为"肤色"，如图 2-99 所示，按

图 2-93　人体线稿

图 2-94　图层名称更改前

图 2-95　图层名称更改后

图 2-96　人体线稿图层

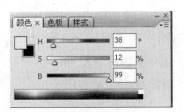
图 2-98　颜色设置

图 2-97　建立选区

图 2-99　肤色图层

图 2-100　填充肤色

Alt+Del 组合键，执行填充前景色命令，效果如图 2-100 所示。

8）单击"图层"浮动面板下面的"创建图层"工具 ，创建一个新图层 ，将其名称更改为"肤色暗部"，如图 2-101 所示。选择画笔工具 ，颜色设置如图 2-102 所示，根据需要改变笔刷大小和透明度，绘制肤色暗部，在绘制肤色暗部的时候，可以按 Ctrl++，或者 Ctrl+－来调节图像的大小，绘制效果如图 2-103 所示。

9）单击"图层"浮动面板下面的"创建新组"工具 ，新建"组 1"，双击"组 1"两个字样，将其更改为"皮肤"，单击左键完成更改如图 2-104 所示，拖拽"肤色"图层和"肤色暗部"图层至"皮肤"组如图所示，单击组"皮肤"前的三角符号，如图 2-105 所示。

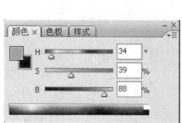

图 2-101　皮肤暗部图层　　　　　图 2-102　颜色设置　　　　　图 2-103　绘制肤色暗部

图 2-104　皮肤组　　　　　　　　　图 2-105　隐藏皮肤组内容

10）单击"图层"浮动面板下的"创建新图层"工具 ，创建一个新图层，将
其名称更改为"头发暗部"，选择画笔工具 ，颜色设置如图 2-106 所示，
根据需要改变画笔的大小和不透明度，绘制头发暗部，在绘制过程中变换色
彩的明度和饱和度丰富头发暗部的层次如图 2-107 所示。

11）单击"图层"浮动面板下的"创建新图层"工具 ，创建一个新图层，将名
称更改为"头发固有色"，选择画笔工具 ，颜色设置如图 2-108 所示，绘制
头发固有色，在绘制过程中变换色彩的明度丰富头发固有色的层次，如图 2-109
所示。

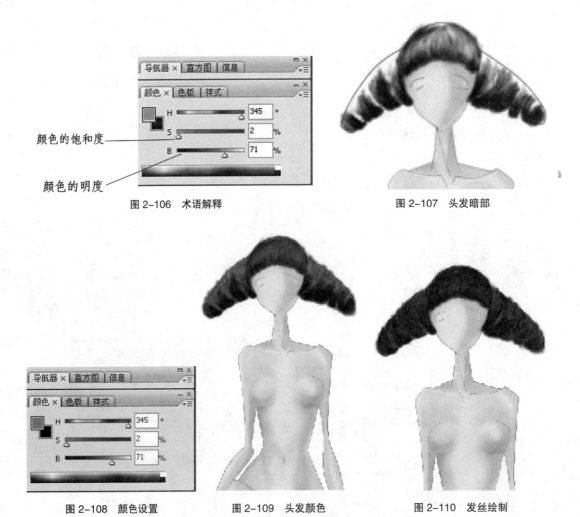

图 2-106 术语解释

颜色的饱和度

颜色的明度

图 2-107 头发暗部

图 2-108 颜色设置　　　图 2-109 头发颜色　　　图 2-110 发丝绘制

12）单击"图层"浮动面板下的"创建新图层"工具 ，创建一个新图层，将其名称更改为"发丝"，选择画笔工具 ，笔刷大小设置为 1 像素，不透明度 100%，颜色设置为黑色，绘制头发丝，如图 2-110 所示。

13）单击"图层"浮动面板下的"创建新图层"工具 ，创建一个新图层，将其名称更改为"头发调整层"，选择画笔工具 ，颜色设置为黑色，根据需要改变画笔的大小和不透明度，整体调整头发，如图 2-111 所示。

14）单击"图层"浮动面板下面的"创建新组"工具 ，创建一个新组，将其名称更改为"头发"，拖拽"头发暗部"图层、"头发固有色"图层、"发丝"图层和"头发调整"图层至组"头发"，单击组"皮肤"前的三角符号，如图 2-112 所示。

15）单击"图层"浮动面板下的"创建新图层"工具 ，创建一个新图层，将

图2-111 头发效果

图2-112 头发组

其名称更改为"发饰"，选择画笔工具 ✐，不透明度设置为100%，颜色设置如图2-113所示，绘制发饰的固有色，根据需要改变颜色的饱和度和明度，绘制发饰的暗部、亮部及花纹，如图2-114所示。

16）单击"图层"浮动面板下的"创建新图层"工具 ▣，创建一个新图层，将名称其更改为"眼睛"，选择画笔工具 ✐，颜色设置如图2-115所示，绘制眼睛的固有色，根据需要改变颜色的饱和度、明度和画笔的大小，绘制发眼睛的暗部、亮部及睫毛部分，如图2-116所示，在"眼睛"图层上，单击右键，执行复制图层命令，复制图层，将复制图层的混合模式更改为"强光"如图2-117所示，得到效果如图2-118所示。

17）单击"图层"浮动面板下的"创建新图层"工具 ▣，创建一个新图层，将新建文件窗口最小化如图2-119所示，单击"衣服"黑白扫描线稿窗口，使其处于当前工作状态，按Ctrl+A组合键，执行全选。按Ctrl+C组合键，执行

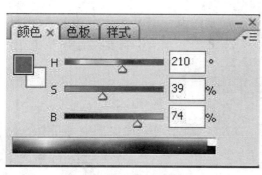

图2-113 颜色设置

图2-114 发饰绘制

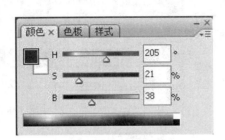

图 2-115 颜色设置

图 2-116 眼睛绘制

图 2-117 复制眼睛图层

图 2-118 眼睛效果

复制命令复制图层，单击新建文件窗口，使其处于工作状态，在新图层 2 上按 Ctrl+V 组合键，执行粘贴命令粘贴图层，将"图层 2"的不透明度设置为 50%，如图 2-120 所示。

18）单击"图层"浮动面板中的"创建新图层工具" ，新建"图层 3"如图 2-121

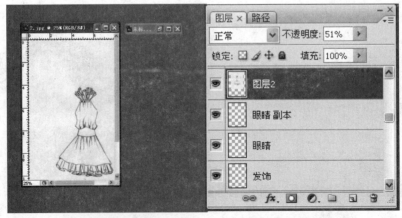

图 2-119 最小化窗口　　　　　图 2-120 新增图层2

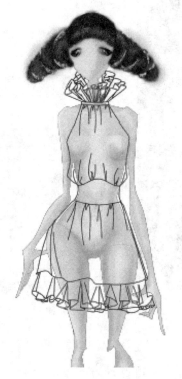

图 2-121　新建图层3

图 2-122　衣服线稿

所示，使用"钢笔工具" ♦ 绘制衣服轮廓，选择"画笔工具" ✐ ，笔刷大小设置为 1 像素，不透明度为 100%，颜色设置为黑色，单击"路径"面板下方的"用画笔描边路径工具"为路径描边。在"图层 2"上单击右键，执行删除图层命令，删除"图层 2"，得到效果如图 2-122 所示。

19）单击"图层"浮动面板下的创建新图层工具，新建"图层 2"，前景色设置如图 2-123 所示，按 Alt+Del 组合键，执行填充前景色命令如图 2-124 所示。

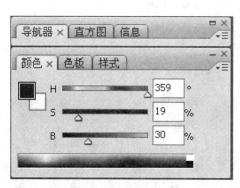

图 2-123　颜色设置

图 2-124　图　层顺序调整

图 2-125　衣服线稿

图 2-126　建立选区

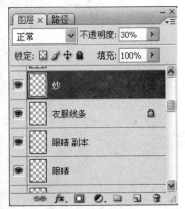

图 2-127　透明度变更

20）单击"图层 3"，使其处于编辑状态，单击锁定透明像素按钮，将"图层 3"的透明区域锁定，选择画笔工具 ✐，将前景色设置为白色，按】放大笔刷，在"图层 3"上涂抹，"图层 3"上的线条颜色变成白色，如图 2-125 所示，将"图层 3"的名称更改为"衣服线条"。

21）选择魔棒工具 ，工具栏设置为添加到选区 ，在"衣服线稿"图层中，建立选区如图 2-126 所示。

图 2-128　填充效果

22）单击"图层"浮动面板下的创建新图层工具，创建一个新图层，将名称更改为"纱"，前景色设置为白色，按 Alt+Del 组合键，执行填充前景色命令，将图层"纱"的透明度设置为 30%，如图 2-127 所示，按 Ctrl+D 组合键，执行取消选择命令效果如图 2-128 所示。

23）单击"图层"浮动面板下的创建新图层工具，创建一个新图层，将名称更改为"纱的调整"，选择画笔工具，颜色设置为白色，根据需要改变颜色的饱和度、明度，绘制纱的质感，效果如图 2-129 所示。

24）单击"图层"浮动面板下的创建新图层工具，新建一个图层，将新图层名称更改为"裙子造型"，选择钢笔工具绘制裙子造型的轮廓，选择

图 2-129　纱的绘制

图 2-130　裙子造型线稿

图 2-131　建立选区

画笔工具，笔刷大小设置为 1 像素，颜色设置为黑色，单击"路径"面板下方的"用画笔描边路径工具" ◎ 为路径描边，如图 2-130 所示。

25）选择魔棒工具 ，工具栏设置为添加到选区 ，在"裙子造型"图层上建立选区，如图 2-131 所示。

26）单击"图层"浮动面板下的创建新图层工具，新建图层，将新图层名称更改为"裙子造型上色"，选择画笔工具，颜色设置如图 2-132 所示，根据需要随时改变画笔大小、颜色的饱和度及明度，绘制裙子造型，选择涂抹工具进行涂抹，使裙子造型部分的上色过渡自然，按 Ctrl+D 组合键，执行取消选择命令，如图 2-133 所示。

27）打开素材"青花瓷"纹样，素材"青花瓷"纹样和"创意装效果图"文件同处于 Photoshop 中，如图 2-134 所示，单击素材"青花瓷"文件，使其处于编辑状态，按 Ctrl+A 组合键，执行全选命令，按 Ctrl+C 组合键，执行复制命令，单击"创意装效果图"文件，按 Ctrl+V 组合键，执行粘贴命令，在"创意装效果图"文件中产生一个新图层，将名称

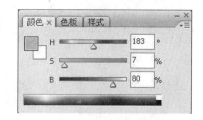

图 2-132　颜色设置

图 2-133　明暗表现

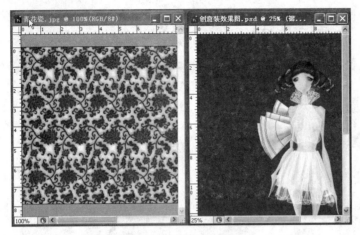

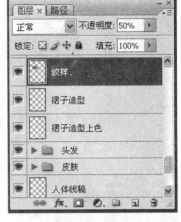

图 2-134　素材与效果图　　　　　　　　　　　　图 2-135　纹样图层

更改为"纹样"，透明度设置为 50%，如图 2-135 所示。

28）按 Ctrl+T 组合键，执行自由变换命令，将"纹样"图层调整到合适的位置及角度，单击 Enter 键确认。单击"裙子造型"图层，使其处于编辑状态，选择魔棒工具，工具栏设置为添加到选区，在"裙子造型"图层建立选区，如图 2-136 所示。

29）单击"纹样"图层，使其处于编辑状态，按 Ctrl+Shift+I 组合键，执行反向选择命令，按 Del 键，执行删除命令，将"纹样"图层的透明度设置为 100%，按 Ctrl+D 组合键，执行取消选择命令，如图 2-137 所示。

30）单击"图层"浮动面板下的创建新图层工具，创建一个新图层，将新图层名称更改为"纹样调整"如图 2-138 所示。

图 2-136　建立选区　　　　　　图 2-137　清除多余图层　　　　　　图 2-138　新建图层

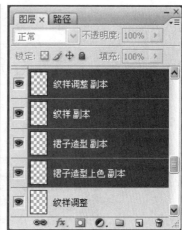

图2-139 绘制纹样的明暗 　　　　图2-140 选择图层 　　　　图2-141 复制图层

31）选择画笔工具，颜色设置为白色，根据需要随时更改画笔的大小、透明度以及颜色的饱和度，绘制纹样的暗部和亮部如图2-139所示。

32）按着Ctrl键不放，依次单击"纹样调整"、"纹样"、"裙子造型"及"裙子造型上色"图层，使其处于选中状态，如图2-140所示。

33）单击右键，执行复制图层命令，如图2-141所示，执行【编辑】—【变换】—【水平翻转】命令，选择移动工具，将复制的图层移动到合适的位置，如图2-142所示。

34）单击"图层"浮动面板下的创建新组工具，创建一个新组，将新组名称更改为"裙子造型"，将"纹样调整"、"纹样"、"裙子造型"、"裙子造型上色"及其副本图层拖至"裙子造型"组中，如图2-143所示。

图2-142 变换裙子造型方向 　　　　图2-143 裙子造型组

图 2-144　隐藏图层

图 2-145　变更图层顺序

35）单击"裙子造型"组前边的三角符号,隐藏"裙子造型"组中的图层,改变"裙子造型"组的顺序如图 2-144 所示, 效果如图 2-145 所示。

36）单击素材"青花瓷"文件,使其处于编辑状态,按 Ctrl+A 组合键,执行全选命令,按 Ctrl+C 组合键,执行复制命令。单击"创意装效果图"文件,按 Ctrl+V 组合键,执行粘贴命令,在"创意装效果图"文件中产生一个新图层,将名称更改为"腰带纹样", 如图 2-146 所示。

37）选择魔棒工具, 工具栏设置为添加到选区, 利用"衣服线条"图层建立选区, 如图 2-147 所示。

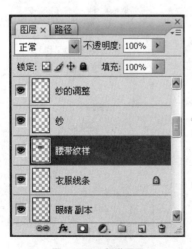

图 2-146　新增图层

图 2-147　建立选区

图 2-148 清除多余纹样

图 2-149 绘制腰带明暗

38）单击"腰带纹样"图层,使其处于编辑状态,按 Ctrl+Shift+I 组合键,执行反向选择命令,按 Del 键,执行删除命令,按 Ctrl+D 组合键,执行取消选择命令效果, 如图 2-148 所示。

39）单击"图层"浮动面板下的创建新图层工具,新建图层,将新图层名称更改为"腰带纹样调整",选择画笔工具,颜色设置为白色,根据需要随时更改颜色的纯度和明度,绘制腰带纹样的暗部和亮部,如图 2-149 所示。

图 2-150 新建鞋子图层

40）单击"图层"浮动面板下的创建新图层工具,创建一个新图层,将其名称更改为"鞋子"如图 2-150 所示。选择画笔工具,颜色设置如图 2-151 所示,根据需要改变画笔的大小,颜色的饱和度及明度,绘制鞋子效果如图 2-152 所示。

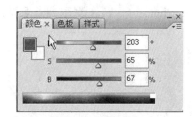

图 2-151 颜色设置

41）单击"图层"浮动面板下的创建新图层工具,创建一个新图层,将其名称更改为"背景",选择画笔工具,颜色设置为黑色,根据需要改变画笔的大小和不透明度,绘制背景,删除"图层 2",将"背景"层移至"图层"底部,得到最终效果如图 2-153 所示。

图 2-152 鞋子绘制

图 2-153 完成效果

2.3.3 小结

本节诠释了创意服装的内涵，并且概括了创意装的三个特点：一、具有极大的超前性和新奇性；二、淡化实用功能，强调艺术与风格；三、注重对服装造型和面料的开拓。重点讲解了使用 Photoshop 软件绘制创意装效果图的一般步骤：

1. 选择钢笔工具绘制路径，使用画笔工具为路径描边。

2. 用画笔工具直接绘制服装面料，通过颜色的饱和度、明度、色相的改变来表现材质的质感。

3. 借助素材。借助素材是 Photoshop 软件绘制效果图的一个显著优势，要学会灵活使用，但是在使用的过程中，要注意素材的调整，使素材与效果图的风格浑然天成。

4. 整体调整，完成效果图的绘制。

在整个效果图绘制过程中，应该注意细节，比如图层顺序的改变、线条颜色的更换等，这些需要我们在实践操作中把握。

练习题：

1. 正确理解创意装的涵义，设计一系列创意装。

2. 搜集相关素材比如面料、图案等，将这些素材应用到所设计的创意装中去，使用 Photoshop 软件绘制创意装效果图。

第3章

使用CorelDraw绘制
服装款式图

主要内容

　　本章主要介绍使用 CorelDraw 绘制服装款式图，以
女式大衣款式图的绘制和男士衬衫款试图的绘制为例。

重点、难点

　　1. 熟悉 CorelDraw 软件的相关设置。

　　2. 运用 CorelDraw 软件制作面料。

　　3. 掌握 CorelDraw 软件相关工具的功能使用。

学习目标

　　能独立的运用 CorelDraw 软件完成服装款式图的
绘制。

图 3-1　女式大衣

图 3-2　女式大衣草图

3.1　女式大衣款式图绘制

3.1.1　款式特点分析

女式大衣合体裁剪，长度至膝盖上 15cm 左右，对襟，三粒扣，大衣的整体造型亮点在于袖口、领子如图 3-1 所示。

3.1.2　草图绘制

依据图 3-1 所示，手工绘制女式大衣的草图，如图 3-2 所示。

3.1.3　女式大衣款式图绘制

1）创建新文件，如图 3-3 所示。

2）单击"视图"，下拉菜单设置，如图 3-4 所示。

3）双击界面中的"标尺"，弹出"设置"对话框，单击刻度编辑，设置如图 3-5 所示，如果需要绘制较大尺寸的图形，可以改变典型比例数值，设置完毕单击确定按钮确认。

4）单击工具下拉菜单中的自定义，弹出设置对话框，设置如图 3-6 所示，单击确定按钮确认。

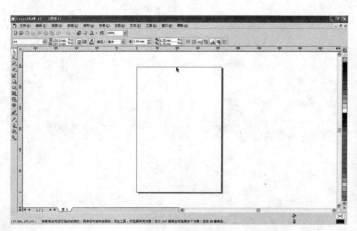

图 3-3　新建文件

图 3-4　视图设置

图 3-5　比例设置

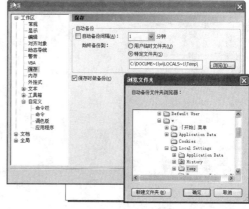

图 3-6　保存设置

5）单击【文件】—【导入】，弹出对话框，设置如图 3-7 所示，单击导入弹出对话框，改变选取范围的大小，设置如图 3-8 所示，单击确定按钮确认。

6）在页面单击左键，进行拖拽确定导入图像的范围，如图 3-9 所示。

7）选择交互式透明工具，如图 3-10 所示，工具栏设置如图

图 3-7　导入对象

3-11 所示，改变导入图像的透明图，效果如图 3-12 所示。

8）单击右键，执行锁定命令，锁定导入图像，选择放大镜工具 放大图像，选择贝塞尔工具 如图 3-13 所示，绘制大衣衣身轮廓左半部分如图 3-14 所示。

9）选择形状工具 进行调整如图 3-15 所示。

10）选择贝塞尔工具 ，绘制袖子和口袋的廓形，选择形状工具 调整如图 3-16 所示。

11）选择挑选工具 ，选择袖子，按下 shift 键不放，选择衣身的左半部分，使袖子和衣身的左半部分同时被选中，单击【排列】—【造型】—【焊接】，如图 3-17 所示。

12）单击右键，执行解除锁定命令，删除导入图像，选择挑选工具 ，框选袖子和衣身，按 Ctrl+D 组合键，执行再制命令如图 3-18 所示。

13）按水平镜像按钮 ，执行水平镜像命令如图 3-19 所示。

14）选择挑选工具 ，框选右边衣身与袖子，使其呈选中状态，双击对象，旋转移动，

图 3-8　裁剪导入对象　　　　图 3-9　导入对象的范围界定　　　　图 3-10　交互透明工具

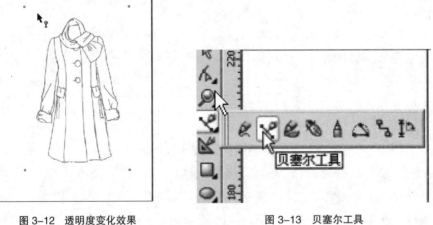

图 3-11　工具栏设置

图 3-12　透明度变化效果　　　　　　　　图 3-13　贝塞尔工具

图 3-14　绘制左衣身直线框图　　　　图 3-15　形状工具调整　　　　图 3-16　袖子绘制

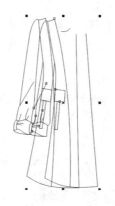

图 3-17 焊接袖子和衣身　　图 3-18 再制左边衣身及袖子　　图 3-19 镜像左边衣身及袖子

调整衣身与袖子到合适的位置，选择贝塞尔工具，绘制衣领轮廓，用形状工具调整如图 3-20 所示。

15）选择椭圆工具，按 Ctrl 键，绘制正圆。选择手绘工具，绘制线段，选择挑选工具，框选正圆和线段，按 Ctrl+D 组合键，执行再制命令得到效果如图 3-21 所示。选择挑选工具和形状工具，整体调整女式大衣线稿，得到效果如图 3-22 所示。

16）选择贝塞尔工具，沿着大衣的边缘绘制封闭图形，按 F12 弹出轮廓设置对话框，设置如图 3-23 所示，选择填充工具，颜色设置如图 3-24 所示，填充封闭图形效果，如图 3-25 所示。

17）执行"排列"—"顺序"—"到后部"命令，得到效果如图 3-26 所示。

18）选择贝塞尔工具，绘制大衣领口的阴影部分，在界面左边的调色盘中，选取暗紫色单击左键填充，在调色板顶部，单击右键消除绘制阴影的轮廓线，效果如图 3-27 所示。

19）选择挑选工具，将衣领阴影放置合适的位置，最终效果如图 3-28 所示。

图 3-20 绘制衣领

图 3-21 扣子

图 3-22　女式大衣款式

图 3-23　轮廓设置

图 3-24　颜色填充

图 3-25　填充效果

图 3-26　更改图形顺序

图 3-27　领子阴影

图 3-28　最终效果

3.1.4 小结

本节以女式大衣款试图的绘制为例，重点讲解了两个方面的内容：第一，CorelDraw界面的设置，其中包括新建文件的比例设置，绘制过程中的保存设置，常用工具栏的属性设置。第二，女式大衣款式图的绘制，其中包括 CorelDraw 软件如何导入位图，填充工具如何更改位图的透明度以及贝塞尔工具、形状工具结合绘制服装轮廓等问题。

练习题：

1. 选择一款女士外套的图片（格式为 jpg），将图片导入 CorelDraw 软件并更改其透明度。

2. 绘制女士外套款式图与图片相符。

3.2 男式衬衫款式图绘制

3.2.1 款式特点分析

背心在男士衣橱中的地位越来越重要，市场各式各样的背心令人们应接不暇，如图 3-29 所示，绅士气质的正装背心和黑色修身的圆摆衬衫相配搭显得精气十足。本例男士马甲：青果领、三粒扣、双嵌袋；本例男士衬衫：修身裁剪、企领、对襟、圆摆。

3.2.2 绘制草图

受此着装方式的启发，设计一款男士假两件套，草图绘制如图 3-30 所示。

图 3-29 男士马甲与衬衫

3.2.3 男士衬衫款式图绘制

1. 新建文件。

2. 选择矩形工具 ▢，绘制边长为 10cm 的正方形，填充颜色，颜色设置如图 3-31 所示，填充效果如图3-32 所示。

3. 选择手绘工具 ✍，按 Ctrl 键不放，绘制水平直线，按 F12，弹出轮廓笔对话框，设置如图 3-33 所示，效果如图 3-34 所示。

图 3-30 设计草图

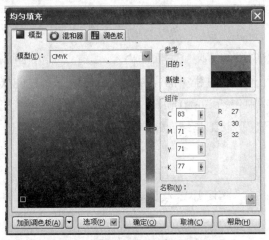

图 3-31　颜色设置

图 3-32　颜色填充

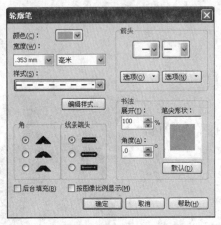

图 3-33　轮廓线设置

图 3-34　绘制轮廓线

图 3-35　复制轮廓线

4）按 Ctrl+C 组合键，执行复制命令，按 Ctrl+V 组合键，执行粘贴命令，选择挑选工具 ，将其移到合适的位置，如图 3-35 所示。

5）选择交互式调和工具 ，步长设置为 ，单击顶部的虚线向底部的虚线拖拽，按 Enter 键确定，效果如图 3-36 所示。

6）按 Ctrl+G 组合键，执行群组命令，按 Ctrl+C 组合键，执行复制命令，按 Ctrl+V 组合键，执行粘贴命令，在属性栏设置旋转角度为 ，效果如图 3-37 所示。

7）选择矩形工具 ，绘制边长为 2cm 的正方形，填充颜色效果如图 3-38 所示。

8）按 Ctrl+C 组合键，执行复制命令，复制正方形，按 Ctrl+V 组合键，执行粘贴命令，

图 3-36　交互调和

图 3-37　旋转轮廓线

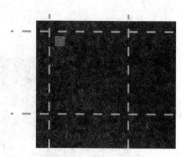
图 3-38　绘制正方形

　　选择挑选工具⬚将其移到合适的位置，如图 3-39 所示。

9）用手绘工具✐，在小正方形的对角上画线如图 3-40 所示，选择交互调和工具
　　⬚，步长设置为 10，进行调和，效果如图 3-41 所示。

10）执行【排列】—【顺序】—【向前一位】命令，将两个小正方形的位置调整到前方，
　　选择挑选工具⬚，按着 shift 键不放，依次选择小正方形和斜线，按 Ctrl+G 组
　　合键，执行群组命令，如图 3-42 所示。

11）按 Ctrl+C 组合键，执行复制命令，复制小正方形和斜线，按 Ctrl+V 组合键，
　　执行粘贴命令，选择挑选工具⬚将其移到合适的位置，如图 3-43 所示。

12）用手绘工具✐，在小正方形的对角上划线如图所示，选择交互调和工具⬚，
　　步长设置为 10，进行调和，执行【排列】—【顺序】—【向后一位】命令，
　　将水平方向上的斜线调整到小正方形的后边，效果如图 3-44 所示。

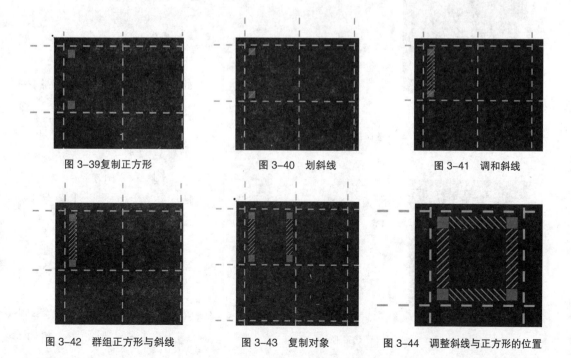

图 3-39 复制正方形　　　　　图 3-40　划斜线　　　　　图 3-41　调和斜线

图 3-42　群组正方形与斜线　　图 3-43　复制对象　　　　图 3-44　调整斜线与正方形的位置

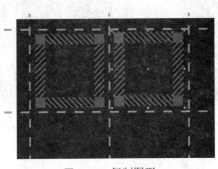

图 3-45   复制图形

图 3-46   面料纹样

13）选择挑选工具，依次选择小正方形和斜线，按 Ctrl+G 组合键，执行群组命令，按 Ctrl+C 组合键，执行复制命令，复制小正方形和斜线，按 Ctrl+V 组合键，执行粘贴命令，用挑选工具将其移到合适的位置，如图 3-45 所示。

14）重复复制、粘贴、移动命令，得到效果如图 3-46 所示。

15）选择矩形工具，绘制边长为 10cm 的正方形，选择挑选工具，框选上述绘制对象如图 3-47 所示

16）执行【效果】—【图框精确裁剪】—【放置在容器中】命令如图 3-48 所示，

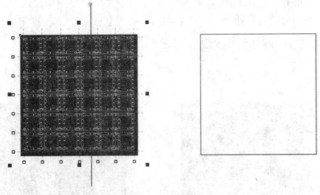

图 3-47   选择裁剪对象

效果如图 3-49 所示。

17）选择挑选工具，框选编辑对象，执行【位图】—【转换为位图】命令，如图 3-50 所示。

18）执行【位图】—【模糊】—【高斯式模糊】命令，弹出对话框，设置如图 3-51 所示，得到效果如图 3-52 所示。

19）执行【位图】—【杂点】—【添加杂点】命令，弹出对话框，设置如图 3-53 所示，效果如图 3-54 所示。

20）选择矩形工具，绘制两个长方形如图 3-55 所

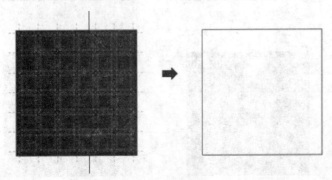

图 3-48   精确裁剪

图 3-49　裁剪效果

图 3-50　位图转化

图 3-51　模糊设置

图 3-52　模糊效果

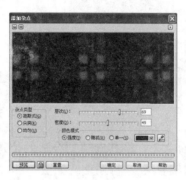

图 3-53　杂点设置

图 3-54　杂点效果

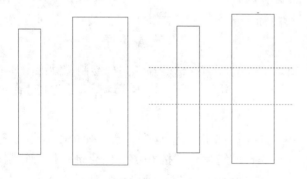

图 3-55　绘制矩形　　　　图 3-56　绘制辅助线

示，单击右键，将长方形转化为曲线，在界面的标尺栏上单击左键，按着左键不放绘制两条辅助线，如图 3-56 所示。

21）选择形状工具，在合适的地方添加节点，单击右键，执行到曲线命令，调整图形如图 3-57 所示。

22）选择矩形工具，绘制衬衫的袖克夫，选择

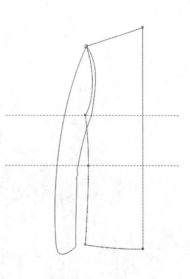

图 3-57　调整曲线

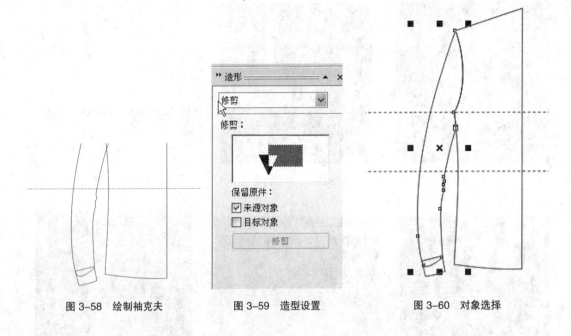

图 3-58 绘制袖克夫   图 3-59 造型设置   图 3-60 对象选择

　　挑选工具 ，双击袖克夫，将其旋转到合适的位置，单击右键，执行转化为曲线命令，选择形状工具 进行调整，如图 3-58 所示。

23）执行【排列】—【造型】命令，弹出对话框，设置如图 3-59 所示，选择挑选工具 ，单击衬衫的衣身部分，然后单击衬衫的袖子，效果如图 3-60 所示。

24）选择挑选工具 ，单击衬衫的袖子部分，然后单击衬衫的袖克夫，得到效果如图 3-61 所示。

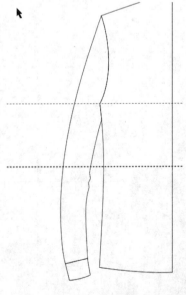

图 3-61 修剪结果

25）选择椭圆工具 ，在领口处绘制椭圆如图 3-62 所示。执行【排列】—【造型】—【剪切】命令，得到效果如图 3-63 所示。

26）选择挑选工具 框选对象，按 Ctrl+G 组合键，执行群组命令。按 Ctrl+C 组合键，执行复制命令，按 Ctrl+V 组合键，执行粘贴命令。单击水平镜像 。选择挑选工具 ，将对象移动至合适的位置，如图 3-64 所示。

27）选择矩形工具 ，绘制矩形，单击右键，执行转化为曲线命令，如图 3-65 所示。

28）选择形状工具 进行调整,执行【排列】—【造型】—【剪切】命令,得到效果如图 3-66 所示。

29）选择挑选工具 ，单击领面，按 Ctrl+C 组合键，执行复制命令，按 Ctrl+V 组合键，执行粘贴命

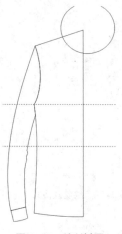

图 3-62　绘制椭圆

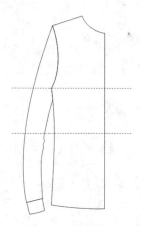

图 3-63　修正领口

图 3-64　镜像左衣身与袖子

图 3-65　绘制领子

令。单击水平镜像 。选择挑选工具 ，将对象移动至合适的位置，选择矩形工具 ，绘制领座部分如图 3-67 所示。

30）单击右键，执行转化为曲线命令，选择形状工具 进行调整，执行【排列】—【造型】—【修剪】命令，如图 3-68 所示。

31）选择矩形工具 ，绘制前领座部分，单击右键，执行转化为曲线命令，选择形状工具 进行调整，执行【排列】—【造型】—【修剪】命令，如图 3-69 所示。

32）选择矩形工具 ，绘制马甲，单击右键，执行转化为曲线命令，选择形状工具 进行调整，如图 3-70 所示。

33）执行【排列】—【造型】—【修剪】命令，按 Ctrl+C 组合键，执行复制命令，按 Ctrl+V 组合键，执行粘贴命令。单击水平镜像 。选择挑选工具 ，将对象移动至合适的位置，如图 3-71 所示。

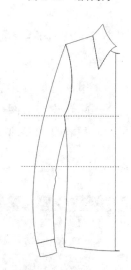

图 3-66　领面调整

34）选择形状工具 ，调整衣服的细节，按 F12，弹出轮廓笔对话框，设置如图 3-72 所示，得到效果如图 3-73 所示。

35）执行【排列】—【顺序】命令，调整衣身及马甲的顺序。顺序分别为马甲的左前片，马

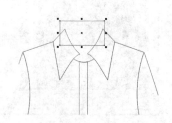

图 3-67　领座绘制

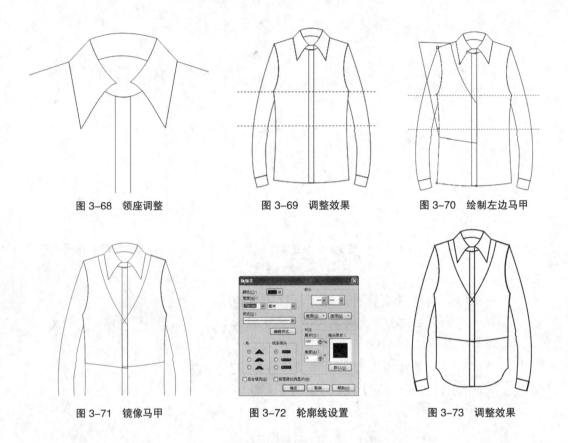

图 3-68　领座调整　　　　图 3-69　调整效果　　　　图 3-70　绘制左边马甲

图 3-71　镜像马甲　　　　图 3-72　轮廓线设置　　　　图 3-73　调整效果

甲的右前片，衣身的左前片，衣身的右前片。选择填充工具中的填充对话框，颜色设置如图 3-74，3-75 所示。分别填充马甲的左前片和右前片，用白色填充衣身的左前片，填充效果如图 3-76 所示。

图 3-74　颜色设置　　　　　　　　　图 3-75　颜色设置

图 3-76　填充颜色

图 3-77　口袋绘制

图 3-78　轮廓线设置

图 3-79　结构线绘制

图 3-80　镜像结构线

图 3-81　轮廓线设置

36）选择矩形工具，绘制马甲口袋，执行复制、粘贴、水平镜像命令得到效果如图 3-77 所示。

37）选择贝塞尔工具，为领面、袖口添加明线，为马甲衣身添加公主线，按 F12，弹出对话框，设置如图 3-78 所示，得到效果如图 3-79 所示。

38）选择挑选工具，按 shift 键不放，依次选择领面、袖口的明线以及马甲衣身的公主线，执行复制、粘贴、水平镜像命令，选择挑选工具，将其移动到合适的位置如图 3-80 所示。

39）选择椭圆工具，按 Ctrl 不放，绘制一个圆形，在界面右边的调色板中选择 80% 黑，单击左键进行填充，按 F12，弹出轮廓笔对话框，设置如图 3-81 所示。

40）选择交互式阴影工具，工具栏设置如图 3-82 所示，得到效果如图 3-83 所示。

图 3-82　工具栏设置　　　　　　　　　　　　　　　　图 3-83　纽扣

图 3-84　纽扣效果　　　　图 3-85　轮廓线设置　　　　图 3-86　调整效果

41）选择挑选工具 🔀，调整扣子大小，执行复制、粘贴命令，复制粘贴其他三颗扣子，
用挑选工具将其移动到合适的位置如图 3-84 所示。

42）选择椭圆工具 ⬭，按 Ctrl 不放，绘制一个圆形，按 F12，弹出轮廓笔对话框，
设置如图 3-85 所示。执行复制、粘贴命令，选择挑选工具 🔀，将其移动到
合适位置如图 3-86 所示。

43）选择贝塞尔工具 ✍，绘制领带的轮廓如图 3-87 所示。

44）选择挑选工具 🔀，框选前边做的面料，按 Ctrl+D 组合键，执行再制命令，执
行两次如图 3-88 所示。

45）选择挑选工具 🔀，选择面料，执行【效果】—【图框精确裁剪】—【放置在
容器中】命令，依次把再制的面料，放置于领带的领结、领面、领底三个部分，
最终效果如图 3-89 所示。

图 3-87　绘制领带　　　　图 3-88　再制面料　　　　图 3-89　完成效果

3.2.4　小结

马甲与衬衫搭配是男士着装的一种常用配搭方式，受此配搭方式的启发，设计一款假两件套的男士衬衫，并用 CorelDraw 软件绘制男士衬衫的款式图。绘制的款试图的步骤分为三步：

1. 绘制线描稿。
2. 填充颜色。
3. 绘制款式细节，比如上绘制扣子、徽标等。

在绘制过程中主要设计的工具：矩形工具、形状工具、造型、交互调和，顺序等。此间使用过的工具，需要反复练习，才能熟练应用。

练习题：

设计一款男士西服，使用 CorelDraw 软件绘制款式图。

3.3　女短上装款式图绘制

3.3.1　款式特点分析

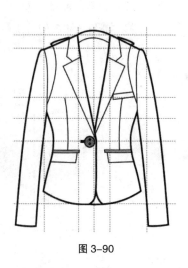

女外套一般穿着在衬衣、T 恤外面，可搭配裙装、裤装，是春秋季最常穿着的服装。本例女外套为一款短上装，衣长及臀，收腰明显，具有抬高女性腰线，强调和美化女性三围曲线的作用，如图 3-90 所示。

3.3.2　女短上装款式图绘制

图 3-90

1）新建文件，单击"查看"，在下拉菜单中，选择"标尺"、"辅助线"如图 3-91 所示，页面设置如图 3-92 所示。

图 3-91　菜单设置

图 3-92　页面设置

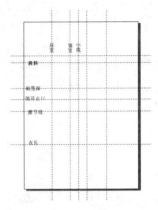

图 3-93　设置辅助线

2）在标尺上方单击左键，按着左键不放拖拽至页面，松开左键产生相应的辅助线，使用辅助线表示女短上装各部分的比例，如图 3-93 所示。

3）绘制衣身部分。选择矩形工具，参考辅助线做矩形，如图 3-94（a）所示，单击转化为曲线工具或者按 Ctrl+Q 快捷键，使矩形转化为曲线，单击形状工具或者按 F10 快捷键，在侧颈点双击，增加锚点，使用形状工具，调整肩点至合适位置，如图 3-94（b）所示，使用形状工具在要调整的部分单击右键，选择"到曲线"，调整衣身部位效果如图 3-94（c）、（d）所示。

4）绘制衣袖部分。选择矩形工具，绘制矩形如图 3-95（a）所示，按 Ctrl+Q，使矩形转化为曲线，按 F10，调整矩形的位置及形状，效果如图 3-95（b）所示。

5）焊接衣身和衣袖部分。选择挑选工具，选择衣身部分，按 SHIFT 键不松开，同时选择衣袖部分如图 3-96（a）所示，选择【排列】—【修正】—【焊接】，效果如图 3-96（b）所示。

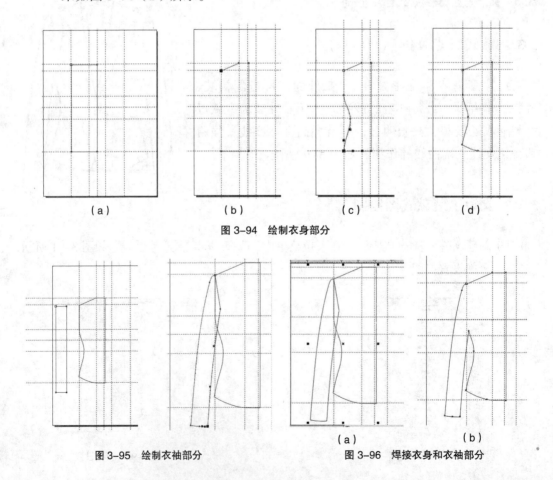

（a）　　　　　　（b）　　　　　　（c）　　　　　　（d）

图 3-94　绘制衣身部分

（a）　　　　　　（b）

图 3-95　绘制衣袖部分

图 3-96　焊接衣身和衣袖部分

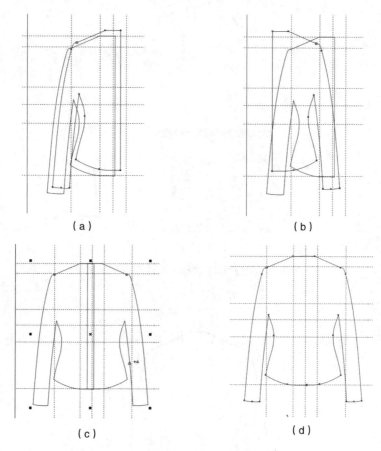

（a）　　　　　　　　　　　（b）

（c）　　　　　　　　　　　（d）

图3-97　复制衣身和衣袖部分

6）复制衣身和衣袖部分。按 Ctrl+D, 再制衣身和衣袖部分如图 3-97（a）所示，单击镜像工具，将衣身和衣袖部分水平翻转如图 3-97（b）所示，使用挑选工具，将其移动至合适的位置，按 SHIFT 键不松，选择衣身的另一部分如图 3-97（c）所示，选择【排列】—【修正】—【焊接】，效果如图 3-97（d）所示。

7）调整领口弧线及改变衣身轮廓线属性。按 F10，在领口线位置单击右键，选择"到曲线"，调整领口线如图 3-98（a）所示，选择轮廓工具或者按 F12 快捷键，弹出轮廓笔属性对话框，设置如图 3-98（b）所示，改变衣身轮廓线属性效果如图 3-98（c）所示。

8）绘制衣领部分。选择贝塞尔工具，绘制衣领部分如图 3-99（a）所示，按 Ctrl+D 再制衣领部分，水平镜像衣领部分如图 3-99（b）所示，按 F10，使用形状工具调整衣领部分效果如图 3-99（c）所示。

9）绘制衣身其他的内部结构。选择贝塞尔工具，绘制衣身其他的内部结构如图 3-100（a）所示，按 F10，使用形状工具调整效果如图 3-100（b）所示。选择挑选工具，按 Shift 键，依次选所绘制的衣身结构线，按 Ctrl+D，执行再制功

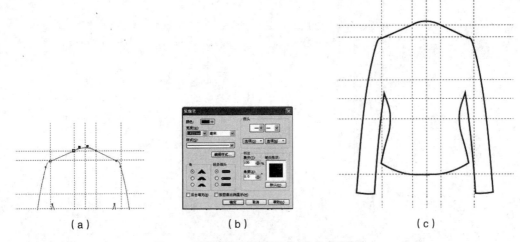

（a） （b） （c）

图 3-98 调整领口弧线及改变衣身轮廓线属性

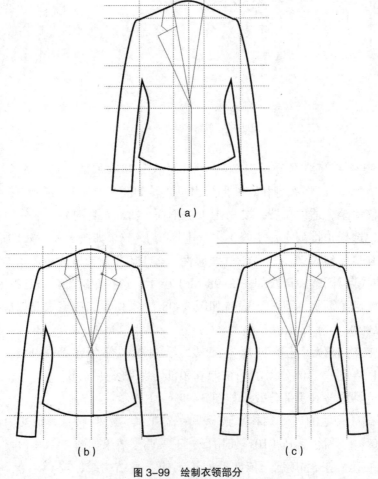

（a）

（b） （c）

图 3-99 绘制衣领部分

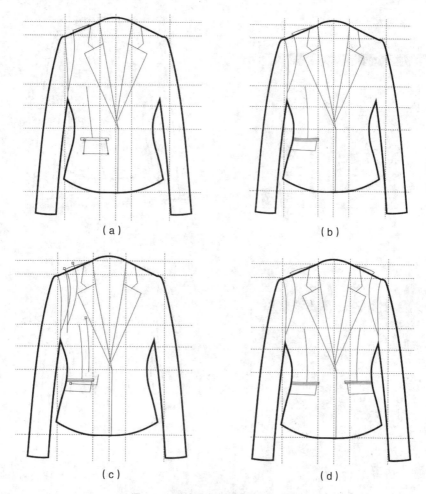

（a）　　　　　　　　　　　　（b）

（c）　　　　　　　　　　　　（d）

图3-100　绘制衣身其他的内部结构

　　能如图3-100（c）所示，单击水平镜像工具，镜像对象，选择挑选工具，将对象移至合适的位置如图3-100（d）所示。

10）细节调整。按F10,使用形状工具更改止口形状,按F12,弹出轮廓笔属性对话框,设置如图3-101（a）所示，选择挑选工具，选择肩袢和止口，更改线条属性，效果如图3-102（b）所示，选择贝塞尔工具，绘制内领口弧线，选择挑选工具，选择所有衣身内部结构线,按F12,设置轮廓笔属性对话框如图3-102（c）所示,效果如图3-103（d）所示。

11）绘制纽扣。选择椭圆工具，按Ctrl键不松开，绘制正圆，按Ctrl+D，再制正圆，选择挑选工具，更改正圆的大小如图3-102（a）所示，选择正圆，在调色板中选择合适的颜色，单击左键，为正圆填色如图3-102（b）所示，使用挑选工具将正圆移至合适的位置效果，如图3-102（c）所示。

12）最终效果。选择挑选工具将纽扣移至合适的位置效果，如图3-103所示。

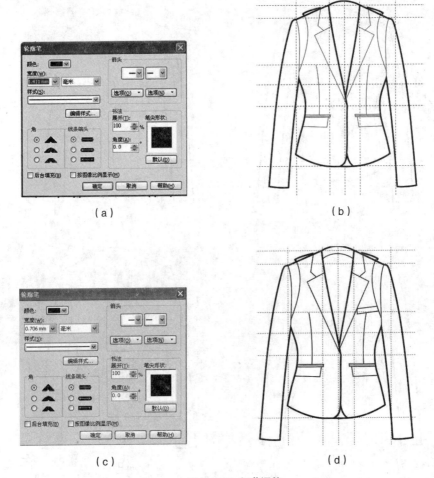

（a）

（b）

（c）

（d）

图 3-101 细节调整

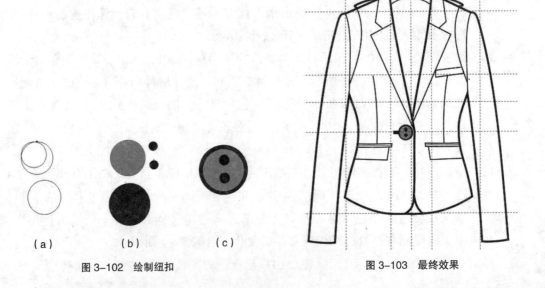

（a）　　　　（b）　　　　（c）

图 3-102 绘制纽扣

图 3-103 最终效果

3.3.3 小结

本节以女短上装款式图的绘制为例，重点讲解了如何直接应用 CorelDraw 完成左右对称的款式设计与制图。

练习题：

设计一款女上装，并用 CorelDraw 完成其款式设计。

第4章

使用富怡服装CAD进行服装纸样和排料设计

主要内容

本章主要讲解如何应用富怡服装设计与放码系统进行纸样设计与排料设计。主要内容有：一、箱型原型（新文化式原型和东华原型）的纸样设计；二、省道、褶皱和分割的纸样设计；三、女衬衣、女短上装和女大衣的纸样设计和排料设计；四、人机交互式排料和条格面料的排料。

重点、难点

1. 应用服装 CAD 系统进行服装纸样设计和排料设计的一般流程。

2. 省道、褶皱、分割等变化款式的纸样设计方法。

3. 毛板的设计方法。

4. 放码的方法。

5. 人机交互式排料和条格面料的排料方法。

学习目标

能够熟练应用富怡服装 CAD 的设计与放码系统、排料系统自由地进行各种服装款式的纸样设计和排料设计。

4.1 箱型原型的纸样设计

4.1.1 箱型原型结构

服装制板方法分为立体制板和平面制板两大类，平面制板又分为原型法制板、比列分配法制板、短寸法制板等等，其中，原型法极大地减少了公式计算和框架绘制等基础性的劳动，具有变化性强的特点，目前在服装行业中得到了较为广泛的应用。

根据覆盖人体的部位，原型可以分为上衣原型、裤装原型、半身裙原型；根据性别年龄可分为男子原型、女子原型、童装原型；根据国别可以分为日本原型、美国原型、英国原型、中国原型等。

上衣原型根据其衣身形态可以分为箱型原型和梯形原型，如：东华原型和第七代日本文化式原型均为箱型原型，第六代日本文化式原型则为梯形原型。

梯形和箱型原型最大的区别在于其胸省所处的位置不同，因为箱型原型的胸省位于腰围线以上，所以前后衣片的腰围线能保持水平。而梯形原型的胸省位于腰围线上，所以前片腰围线成弧形，前后衣片的腰围线不能保持水平。

因为箱型原型的胸省独立，腰线水平，在操作时更加简单易懂，更易被人接受，所以本书制图以箱型原型为依据，介绍两种箱型原型的基本制图方法，即新文化式原型和东华原型。

1. 新文化式原型的结构

新文化式原型是日本文化女子大学在旧文化式原型的基础上历时三年，根据现代日本人的体型变化，对旧原型的适体性进行研究得出的成果。目前该原型在我国国内得到了广泛应用。

新文化式原型分为衣身原型和袖子原型，结构如图4-1～图4-3所示，其中B表示人体的净胸围。

袖子结构图中★表示当B达到85cm时，袖子制图时后袖山斜线需要增加的松量，当胸围B为85～89cm时，★表示0.1cm，当胸围B为90～94cm时，★表示0.2cm，当胸围B

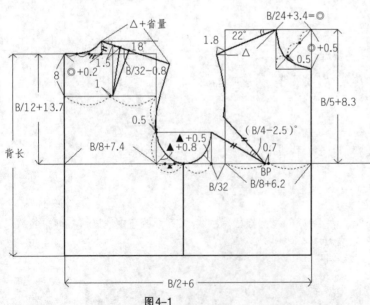

图4-1

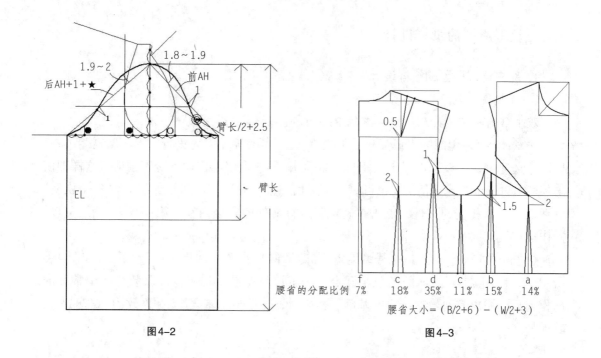

图4-2

图4-3

为 95~99cm 时，★表示 0.3cm，当胸围 B 为 100~104cm 时，★表示 0.4cm。

2. 东华原型的结构

东华原型分为女子原型和男子原型，其中女子原型是东华大学服装学院在对大量女体计测的基础上，得到人体细部与身高、净胸围的回归关系，以及女体体型各计测部位数据关系的均值，并在此基础上建立标准人台，再在标准人台上按照箱型原型的制图方法制作出原型布样，最后将人体细部与身高、净胸围的回归关系进行简化，作为平面制图公式制定而成的适合中国女体的箱型原型。

本书介绍女子原型，男子原型在练习中出现，有兴趣的读者可以拓展阅读。

东华原型的女子衣身结构如图 4-4 所示，其中 B 表示人体的净胸围。

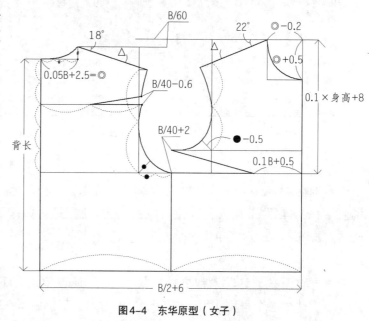

图4-4　东华原型（女子）

4.1.2 箱型原型的纸样设计

1. 新文化式原型的纸样设计

1) 结构图设计

双击富怡服装设计与放码系统的 Rp-DGS 图标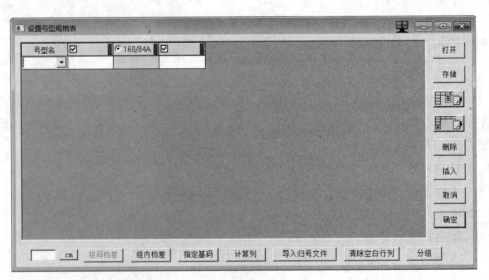，进入系统。

注意：为了避免因断电或死机丢失文件，进入系统后，可先进行"安全恢复"设置。单击【选项】—【系统设置】—【自动备份】，勾选【使用自动备份】选项。这样即使出现断电、死机等异常情况，也可单击【文档】菜单—【安全恢复】，弹出"安全恢复"对话框，选择相应的文件，点击"确定"进行文件的安全恢复。第一次设置后，以后操作均有效。

点击菜单栏中【号型】—【号型编辑】命令，弹出"设置号型规格表"对话框，如图 4-5 所示，图中 160/84A 前面的黑色小圆点，表示该号型是基础码，即服装行业中常称的母板，是放缩出其他号型纸样的基础。初始时，需单击"基码"，并修改为 160/84A 或其他号型。

图 4-5

本例在"号型名"下分别输入"胸围"、"腰围"、"背长"和"臂长"等人体或服装部位，并在"160/84A"下输入各部位对应的尺寸，胸围：84，腰围：68，背长：38，臂长：50.5，如图 4-6 所示。单击"确定"进入工作区。

注意：系统默认输入数据单位为 cm，可通过单击左下角的 cm 按钮，修改单位；号型名右边的各个号型也可预先在 里输入，部位名可在 里输入，以节约时间。

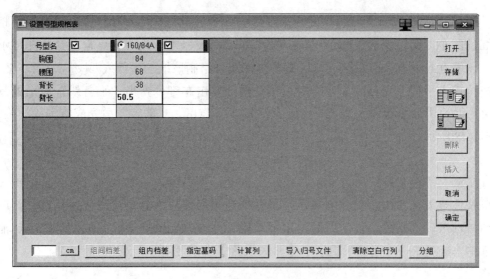

图4-6

选择设计工具栏中的"智能笔"工具 ✎，或按键盘的 D 键切换（汉字输入法状态时，快捷键无效），在工作区空白处左键拖拉，弹出"矩形"对话框，可在 ☐ 后输入"48"，☐ 后输入"38"；也可单击对话框上的计算器按钮，在弹出的"计算器"中输入 ☐ 的尺寸："胸围 /2+6"，☐ 的尺寸："背长"，如图 4-7 所示，单击"OK"、"确定"完成。

注意，计算器里显示的背长、臂长、胸围和腰围为图 4-6 中，基码 160/84A 的各对应部位尺寸，需双击才能调入计算器的运算栏参与运算。

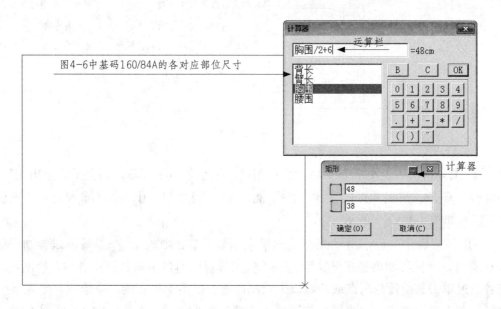

图4-7

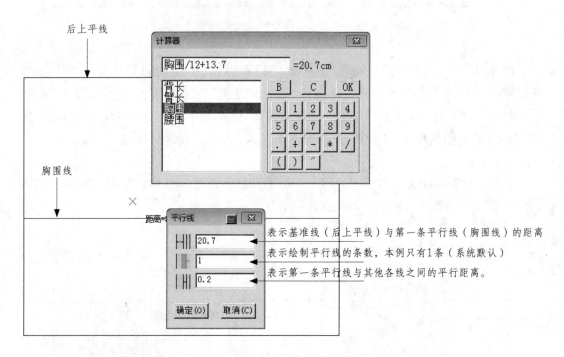工具指向后上平线，这时后上平线会变为红色，线的左端点或右端点会出现一个红色的小太阳，线的中间会出现一个小绿点，表示为该线的中点，只要智能笔不指向上述端点或中点，用左键拖拉后上平线，即可绘制该线的平行线。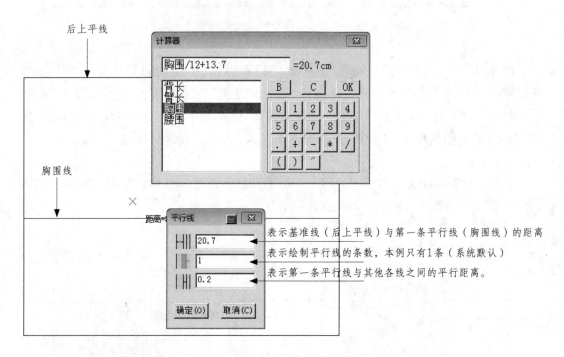工具，向下左键拖拉后上平线，光标变为 时，在空白处单击左键，弹出"平行线"对话框，在其第一栏后用计算器输入公式"胸围/12+12.7"，"OK"、"确定"后完成胸围线的绘制，如图4-8所示。

　　注意：任何工具使用过程中，按住空格键，可切换为"放大镜"工具，单击左键即可整体放大，单击右键满屏显示，左键框选可局部放大。也可在任何状态时，向前滑动鼠标滚轮，则缩小，向后滑动鼠标滚轮，则放大。鼠标滚轮的放大与缩小功能可在菜单【选项】—【系统设置】—【开关设置】中设定。

图4-8

　　工具指向后上平线靠左端，其左端点出现红色的小太阳，当上平线上出现红色小叉时，单击，弹出"点的位置"对话框，在"长度"后用计算器输入公式"胸围/8+7.4"，如图4-9（a）所示。

　　"OK"、"确定"后，滑动光标，如果光标呈⊤型，则表示工具可以绘制垂线、水平线、45°斜线，如果光标呈⌠型，表示工具可以通过单击其他任意一点绘制直线，或者通过单击其他任意两点或两点以上绘制曲线，但需单击右键结束绘制。当光标呈⊤字形，向下滑动光标，当光标在胸围线上出现红色小叉时，单击，完成背宽线的绘制，如图 4-9（b）所示。

工具的 ⌐ 和 ∫ 功能切换方法为，当确定第一个点后，单击右键切换。

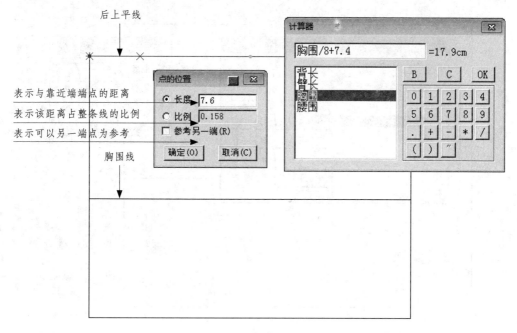

（a）

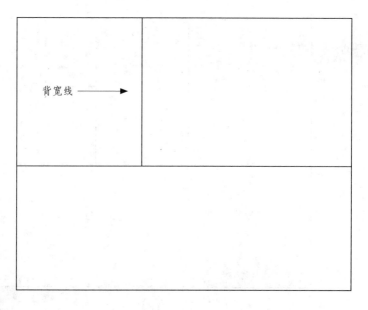

（b）

图4-9

同样的方法，用 工具绘制胸宽线，确定起点时，最好靠近后上平线的右端单击，如图 4–10（a）、（b）所示。

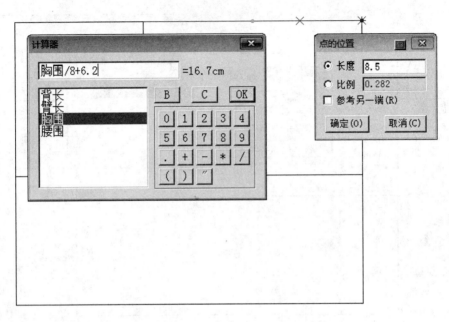

（a）

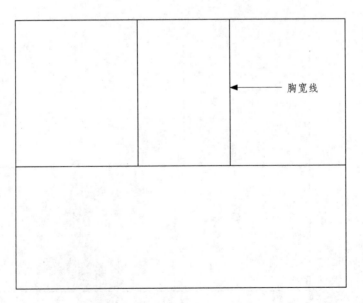

（b）

图 4–10

用 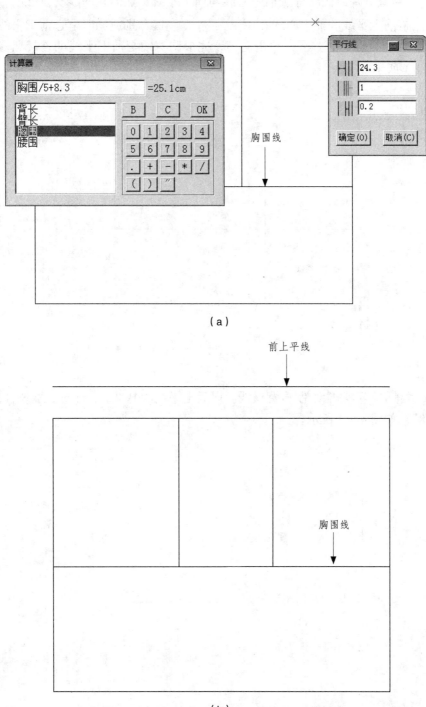工具的 功能绘制前上平线。以胸围线为基准，平行向上绘制前上平线，间距为"胸围/5+8.3"，如图4-11（a）和（b）所示。

（a）

（b）

图4-11

用 ✎ 工具的连角功能连接和修剪线条。左键分别或同时框选后上平线与背宽线，然后在两线交点 1 的左下方单击右键，完成后上平线的修剪，如图 4-12（a）所示。

用 ✎，左键分别或同时框选前中心线与前上平线，然后在两线交点 2 的左下方单击右键，连接前上平线和前中心线；用工具 ✎，左键分别或同时框选前上平线与胸宽线，然后在两线交点 3 的右下方单击右键，完成胸宽线与前上平线的连接、修剪，如图 4-12（b）所示。

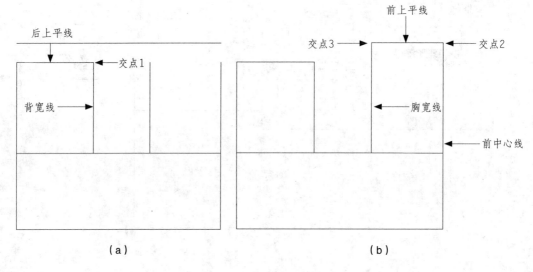

（a）　　　　　　　　　　　　　　　（b）

图 4-12

用 ✎ 工具的 ⌒ 功能绘制肩背横线。以后上平线为基准，平行向下绘制肩背横线，间距为"8"，如图 4-13 所示。

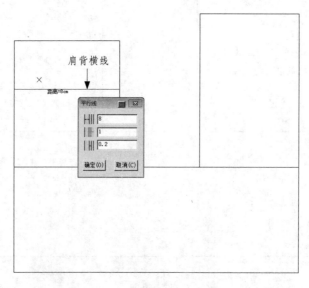

图 4-13

　　选择设计工具栏中的"等份规"工具，或者按键盘 D 键直接切换，单击肩背横线，则肩背横线被等分为 2 份，如图 4-14（a）所示。图中的弧线为系统自带的表示等分份数的弧线，可在等分之前，当光标指向某线时，单击右键切换为只有等分点，无弧线的状态。

　　注意：系统默认等分份数为 2 份，如果要变化等分份数，可在小键盘直接输入数字，超过 9 份的，则可在份数栏里直接输入，份数栏在快捷工具栏中可见，如图 4-14（b）所示。

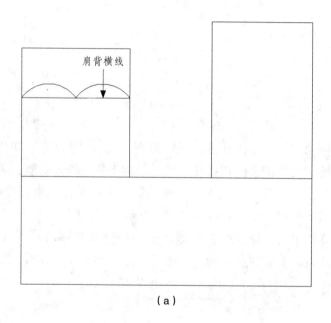

肩背横线

（a）

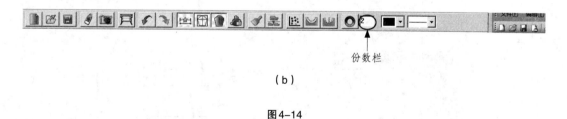

份数栏

（b）

图4-14

　　用工具，分别单击 C 点和 D 点，则等分线段 CD 的直线长度，如图 4-15 所示。

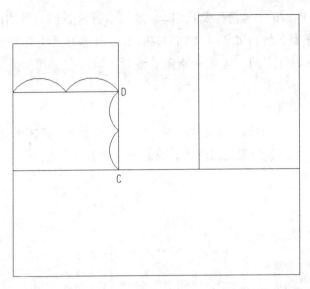

图4-15

选中 ▣ 工具时，按键盘Shift键，光标会在 ┼▣（"等分规"功能）和 ┼▣（"线上反向等距"功能）之间切换。切换到"线上反向等距" ┼▣ 功能，单击肩背横线点，水平滑动光标，中点左右分别出现了一个红色的小叉，单击左键，弹出"线上反向等分点"对话框，在"单向长度"后输入"1"，"确定"完成，如图4-16（a）所示。

选择设计工具栏中的"橡皮擦"工具 ✐，或按键盘E键切换，单击等分点左边的小黑点，则擦除该点，剩下的点E为肩省的省尖点，如图4-16（b）所示。

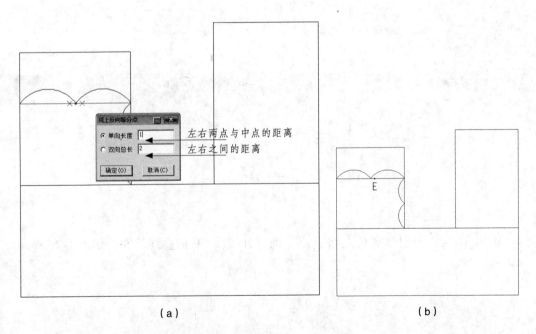

（a）   （b）

图4-16

切换到 ⊞ 工具，用 ⚬ 功能，单击 CD 线段的中点，上下滑动光标，弹出"线上反向等距点"对话框，在"单向长度"后输入"0.5"，"确定"完成，如图 4-17（a）所示。

用 ✎ 工具擦除等分点上方的点，定出背宽点 H 点，如图 4-17（b）所示。

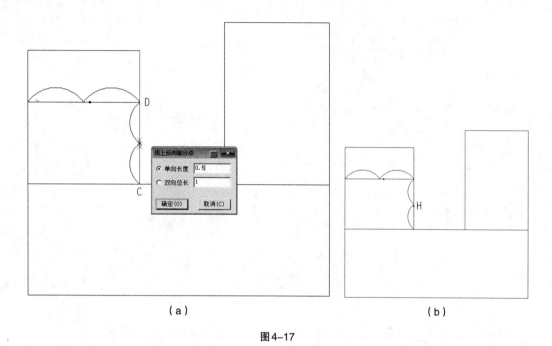

图 4-17

用 ✎ 工具的 ⌒ 功能绘制线 1。以胸宽线为基准，平行向左绘制线 1，间距为"胸围 /32"，如图 4-18（a）、（b）所示。

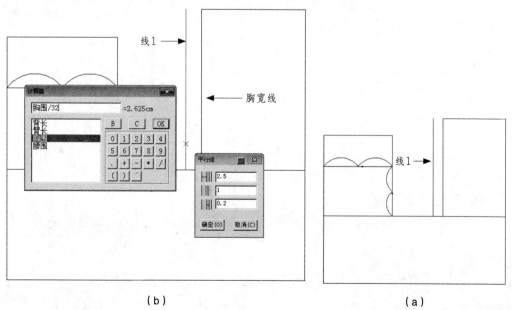

（b）　　　　　　　　　　　　　（a）

图 4-18

用 ✎ 工具的 T 功能连接 H 点与线 1，绘制成线 2，如图 4–19（a）图所示。

用 ✎ 工具的连角功能修剪线条。左键同时框选或分别框选线 2 和线 1，在两线交点 G 点的左下方单击右键，完成线条修剪，如图 4–19（b）图所示。

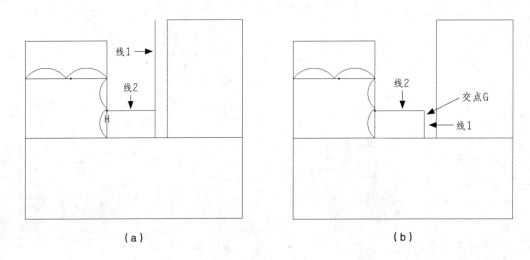

（a）　　　　　　　　　　　　　（b）

图 4–19

用 ⊞ 工具的 +⋯ 功能，2 等分线段 IJ 的距离，如图 4–20（a）所示。

用 ⊞ 工具的 +⌢ 功能，单击 IJ 线段的中点，水平滑动光标，单击，弹出"线上反向等分点"对话框，在"单向长度"后输入"0.7"，"确定"完成。用 ✎ 工具擦除等分点右边的点，剩下的点即为胸高点 BP，如图 4–20（b）所示。

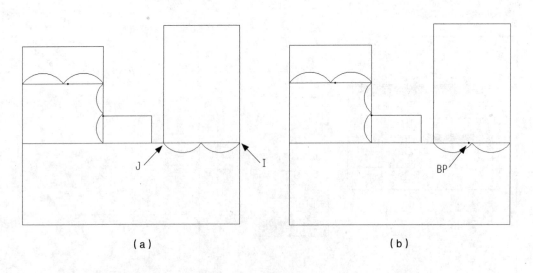

（a）　　　　　　　　　　　　　（b）

图 4–20

用 ⊞ 工具的 ＋ 功能，2 等分线段 FC，如图 4-21（a）所示。

用 ✎ 工具的 ⊤ 功能，过线段 FC 的中点，垂直向下绘制侧缝线，与腰围线相交，如图 4-21（b）所示。

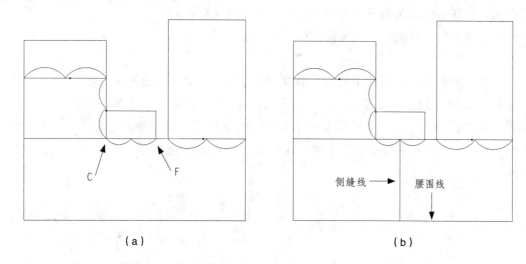

（a）　　　　　　　　　　　　　　（b）

图 4-21

选择设计工具栏中的【矩形】工具 ▢，或按键盘 S 键切换，单击点 B（B 点呈红色小太阳状），向左下方滑动光标，再单击，弹出"矩形"对话框，用计算器在 ▢ 后输入"胸围 /24+3.4"，在 ▢ 后输入"胸围 /24+3.9"，"OK"、"确定"完成前领口框架绘制，如图 4-22（a）、（b）所示。

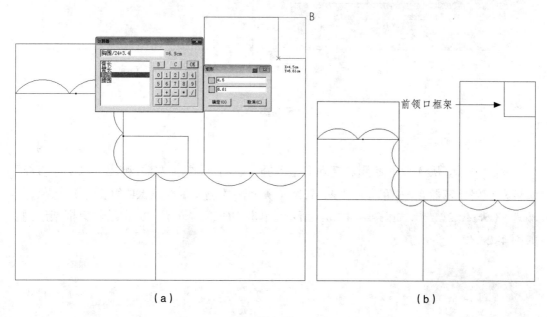

（a）　　　　　　　　　　　　　　（b）

图 4-22

选择设计工具栏中的"比较长度"工具 ✎ ,或按键盘 R 键切换,测量线段 KB 的长度。先单击 K 点,则弹出"比较长度"对话框,再单击线段 KB 上任意一点,最后单击 B 点,则"比较长度"对话框显示该线段的长度为"6.9",单击"记录",则该尺寸会进入计算器里,可在后面的制图中随时调出,如图 4-23(a)所示。

测量完成后,可关闭"比较长度对话框"。

注意:测量后,如果按下快捷工具栏里的"显示/隐藏变量标注"按钮 ✎ ,则工作区可见该部位标注,如图 4-23(b)所示,如弹起该按钮,则隐藏该标注;另外,测量的尺寸记录后,可在【号型】—【尺寸变量】里修改该变量的名称,也可删除该变量;"选项"菜单下的"选择字体"里可修改"尺寸变量字体"的字体形式、高度等等。

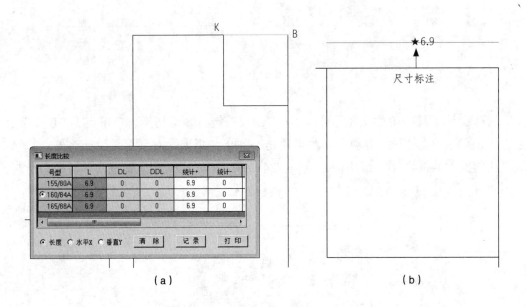

(a)   (b)

图 4-23

用 ✎ 工具,从 A 点开始用右键向右上角拖拉,空白处单击左键,弹出"水平垂直线"对话框,用计算器在 ⊟ 后输入"★+0.2"(★为刚才测量的线段 KB 的长度),在 ⊓ 后输入"(★+0.2)/3",如图 4-24(a)所示,单击"OK"、"确定"完成后领口框架绘制,如图 4-24(b)所示。

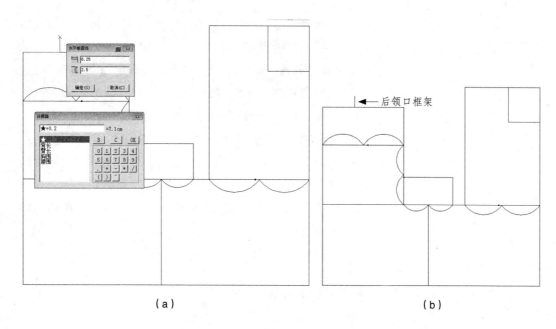

图4-24

用 ✏ 工具，先单击 B 点，右键切换为 ⁂∫ 功能，再单击另一对角线端点，右键结束，绘制前领口框架的对角线；用 ⇜ 工具，3 等分该对角线。按 Shift 键切换到 ⇜ 功能，然后单击 1/3 等分点，滑动光标，单击左键，弹出"线上反向等分点"对话框，在"单向长度"里输入"0.5"，"确定"完成；用 ✏ 工具擦除等分点右上方的点，剩下的点为 L 点，如图 4-25（a）所示。

用 ✏ 工具的 ⁂∫ 功能，依次连接 K 点、L 点和 M 点，右键结束，完成前领口曲线绘制，如图 4-25（b）所示。

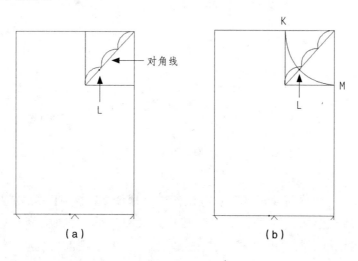

图4-25

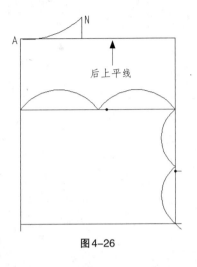

图4-26

继续用 工具的 功能，依次单击 A 点，以及后上平线上靠近左端点的任一点，弹出"点的位置"对话框，在"长度"后输入"2"，单击"确定"，再单击 N 点，最后单击右键，完成后领口曲线绘制，如图 4-26 所示。

选择设计工具栏中的"角度线"工具 ，或按键盘 L 切换。首先单击前上平线，该线变红，再单击 K 点，这时会出现以 K 点为原点的绿色十字形坐标，滑动光标，出现红色的角度线，接着向胸宽线方向滑动光标，当胸宽线变红时，单击，弹出"角度线"对话框，在 后输入前肩角度"22"，如图 4-27（a）所示，单击"确定"，完成前肩线的定位，如图 4-27（b）所示。

注意，使用 工具时，可用右键切换角度的底边线。

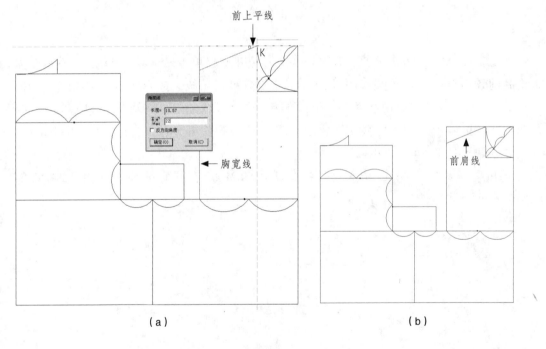

图4-27

用 工具的"调整曲线长度"功能延长或缩短线条。 工具的光标指向前肩线靠左段，这时左端点会变成红色的太阳状，按住键盘 Shift 键的同时，单击右键，弹出"调整曲线长度"对话框，在"长度增减"一栏后输入"1.8"，则前肩线从左端延长 1.8cm，如图 4-28（a）所示，单击"确定"完成，如图 4-28（b）所示。

注意：如果，在"长度增减"一栏后填写负数，则表示该线段在此端缩短。

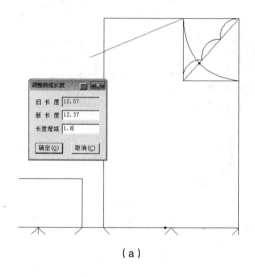
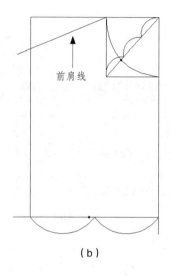

（a）　　　　　　　　　　　（b）

图4-28

用![工具]工具，单击前肩线，并"记录"为☆，关闭"长度比较"窗口。

用![工具]工具的┳功能，过 N 点向右绘制水平线，长度自定，如图 4-29（a）所示。

用![工具]工具先单击 4-29（a）所绘制的水平线，该线变红，再单击 N 点，这时会出现以 N 点为原点的绿色十字形坐标，滑动光标，会出现红色的角度线，单击，弹出"角度线"对话框，在"长度"栏里通过计算器输入"☆ + 胸围 /32-0.8"（☆为测量的前肩线长度），在![栏]栏里输入后肩线角度"18"，如图 4-29（b）所示，"OK"、"确定"后，完成后肩线的绘制，如图 4-29（c）图所示。

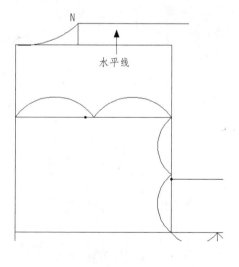

（a）

图4-29

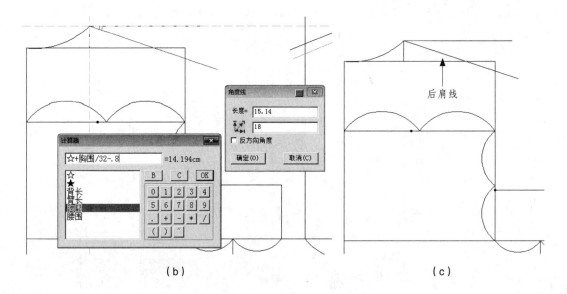

图4-29

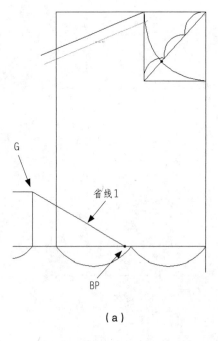

（a）

图4-30

用 工具的 功能连接 G 点和 BP 点，绘制省线 1，如图 4-30（a）所示。

选择设计工具栏中的"旋转"工具，或按 Ctrl+B 切换，先单击需要旋转的线：省线 1，再单击右键结束选择，接着依次单击 BP 点和 G 点，然后向右上方滑动光标，在空白处单击左键，弹出"旋转"对话框，在"角度"栏后用计算器输入"胸围 /4-2.5"，如图 4-30（b）所示，"OK"、"确定"后绘制成省线 2，如图 4-30（c）所示。

注意：选中 工具后，当光标为 时，表示复制并旋转；当光标为 时，表示只旋转，两功能在选中工具后，用 Shift 切换，此处应用的是复制并旋转 功能。

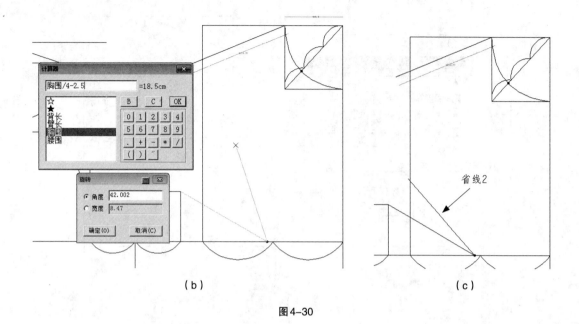

（b）　　　　　　　　　　　（c）

图4-30

　　用 ▱ 工具 3 等分 OC 线段；用 ✎ 工具，测量其中一份的长度，并"记录"为 ▲，如图 4-31（a）所示。

　　用 ✎ 工具的 T 功能，以 C 点为起点，绘制 45° 线，长度为"▲ +.8"，如图 4-31（a）所示，绘制成后袖窿凹势。

　　同样的方法，绘制前袖窿凹势。用 ✎ 工具的 T 功能，以 F 点为起点，绘制 45° 线，长度为"▲ +.5"，如图 4-31（b）所示，绘制成前袖窿凹势。

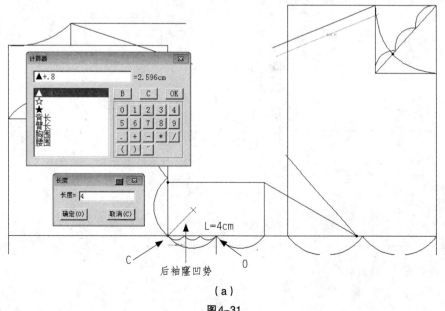

（a）

图4-31

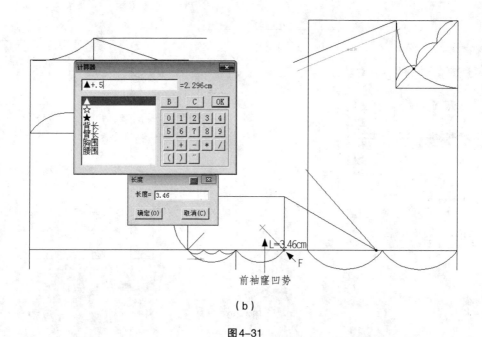

（b）

图4-31

用 工具的 功能绘制袖窿弧线。 工具依次单击后肩端点、H点、后袖窿凹势点、O点，单击右键，完成后袖窿弧线的绘制。 工具依次单击O点、前袖窿凹势点、G点，单击右键结束； 工具依次单击省线2端点、接近胸宽任意一点（为避免光标被胸宽线吸附，单击该点时，左手可按住键盘Ctrl键）、前肩端点，单击右键，完成前袖窿弧线的绘制，如图4-32所示。

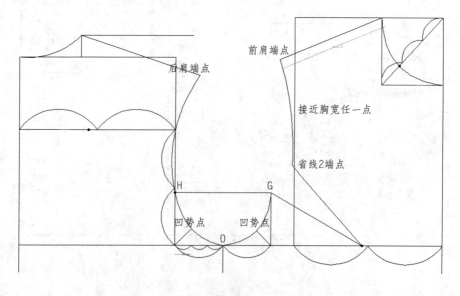

图4-32

选择设计工具栏中的"调整"工具 ⌖ 后的"合并调整"工具 ⌖，或按键盘 N 键切换，调整袖窿弧线。依次单击袖窿线 1、袖窿线 2，线变绿，单击右键，再依次单击省线 1、省线 2，线变蓝（如图 4-33（a）所示），单击右键，则弹出"合并调整"对话框，同时省线 1、2 合并，复制出一条袖窿 2 线与袖窿 1 线连接，如图 4-33（b）所示。

左键单击蓝色的袖窿 2 或绿色的袖窿 1，滑动光标，则可对该线进行调整，当调整线条时（本例可只调整袖窿线 1），原图会联动，见图 4-33（b）的虚线部分，线条位置调整到合适的位置后，单击左键确定位置，最后单击右键结束调整，如图 4-33（c）所示。

注意：调整曲线也可用设计工具栏中的"调整"工具 ⌖。该工具可用键盘 A 键切换，也可单击右键，在弹出的菜单中选择 ⌖。

① 使用时，单击线条，则线条变红，一般直线只有首尾呈红色端点状，曲线除首尾的红色端点外，中间至少有一个红色的控制点，可单击该控制点，滑动光标，则该控制点带着线条移动，在空白处单击左键确定线条位置。用：Ctrl+H 切换可显示 / 隐藏弦高，当显示弦高线时，此时按小键盘数字键可改变弦的等份数，移动控制点可调整至弦高线上，光标上的数据为曲线长和调整点的弦高。

② 在线上增加控制点、删除曲线或折线上的控制点：单击曲线或折线，使其处于选中状态，在没点的位置用左键单击为加点（或按 Insert 键），或把光标移至曲线点上，按 Insert 键可使控制点可见，在有点的位置单击右键为删除（或按 Delete 键）。

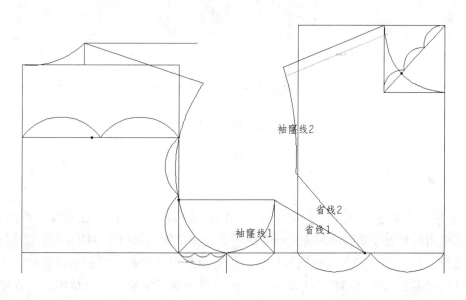

（a）

图4-33

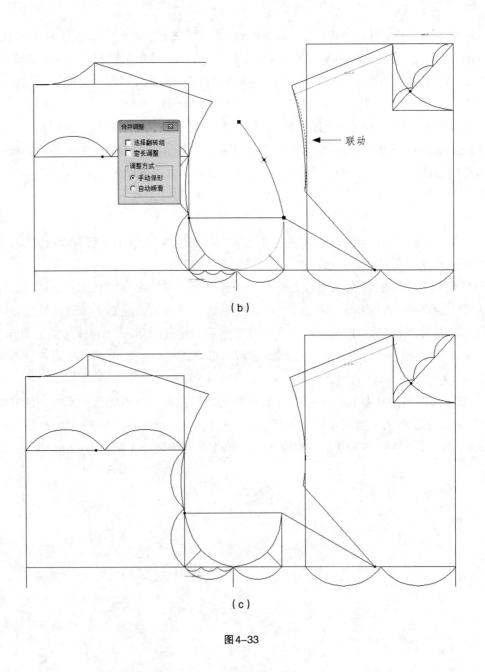

图 4-33

用 工具调整后袖窿。左键依次单击后袖窿线、袖窿线 2，线变绿，单击右键，再依次单击后肩线（靠肩端位置）、前肩线（靠肩端位置），如图 4-34（a）所示，线变蓝，单击右键，则弹出"合并调整"对话框，同时前后肩线合并，复制出一条袖窿 2 线与后袖窿线连接，如图 4-34（b）所示。可向前滑动鼠标滚轮，缩小结构图，方便观察前后袖窿在肩线连接处是否光滑。

调整前、后袖窿弧线，直至圆顺为止，单击右键结束调整，如图 4-34（c）所示。

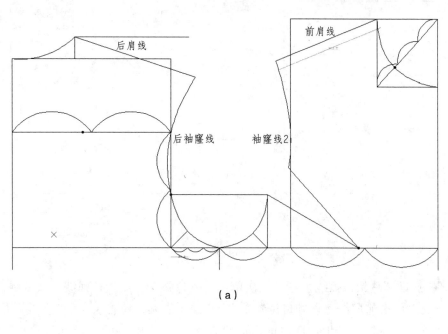

（a）

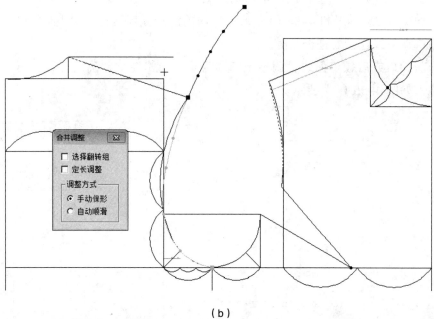

（b）

图4-34

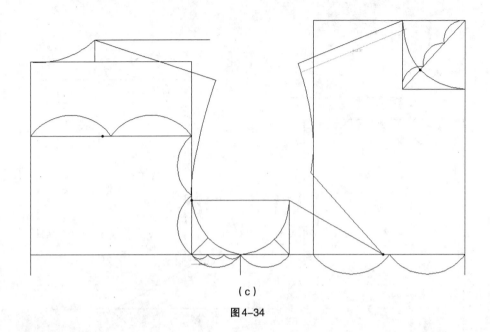

（c）

图4-34

用 工具调整领口弧线。左键依次单击前领口弧线、后领口弧线，线变绿，单击右键，再依次单击前肩线（靠领口位置）、后肩线（靠领口位置），线变蓝，单击右键，则弹出"合并调整"对话框，同时前后肩线合并，复制出一条后领口弧线与前领口弧线连接，如图 4-35（a）和 4-35（b）所示。向前滑动鼠标滚轮，缩小结构图，方便观察前后领口在肩线连接处是否光滑。

单击前领口或后领口弧线，调整至圆顺为止，单击左键，确定位置，再单击右键结束调整，如图 4-35（c）所示。

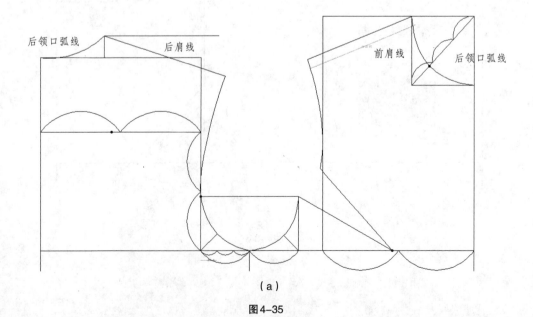

（a）

图4-35

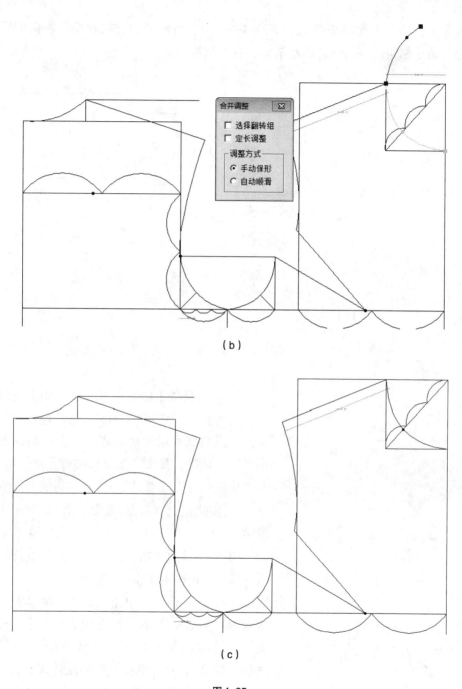

（b）

（c）

图4-35

　　选择"调整"工具 后的"对称调整"工具 ，也可用键盘 M 键切换，用该工具检查和调整后领口弧线。先单击后中心线，则中心线向上延伸表示为对称轴，再单击后领口弧线，则该线以后中心线为对称轴展开，单击右键表示已经选完需要修改的线条，这时，可单击左右任何一领口线进行调整，如图 4-36（a）所示，左键确定调整后线条的位置，右键结束调整，如图 4-36（b）所示。为方便观察，可向前滑动鼠标滚轮，缩小结构图，或向后滑动鼠标，放大结构图。

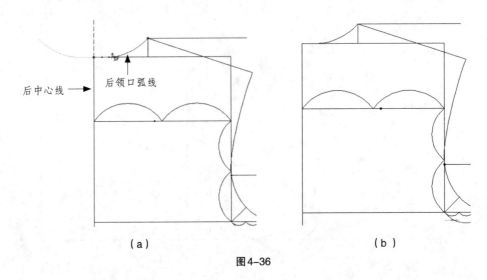

后中心线 ←
后领口弧线

（a）　　　　　　　　　　　　（b）

图4-36

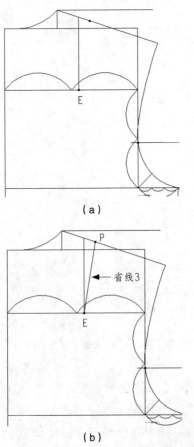

E

（a）

P

省线3 ←

E

（b）

图4-37

用 ⟋ 工具的 T 功能，过 E 点，向上绘制垂线与后肩线相交。用 🚗 工具的 🚗 功能，单击上述交点，沿肩线滑动光标，当交点左右出现两红色小叉时，单击，弹出"线上反向等分点"对话框，在"单向长度"里输入"1.5"，"确定"完成。用 ⟋ 工具擦除左上方的点，定出 P 点，如图 4-37（a）所示。

用 ⟋ 工具的 ∫ 功能，连接 E 点和 P 点，绘制成省线3，如图 4-37（b）所示。

选择 ⟍ 工具，先单击省线3，再单击右键结束选择，接着依次单击 E 点和 P 点，然后向右下方滑动光标，单击左键，弹出"旋转"对话框，选择"宽度"，在"宽度"栏后用计算器输入"胸围/32-.8"，如图 4-37（c）所示，"OK"、"确定"后绘制成省线4。用 ⟋ 工具擦除过 E 点的垂线，如图 4-37（d）所示。

用 ⟋ 擦除原后肩线，用 ⟋ 工具的 ∫ 功能重新绘制后肩线1和后肩线2，如图 4-37（e）所示。

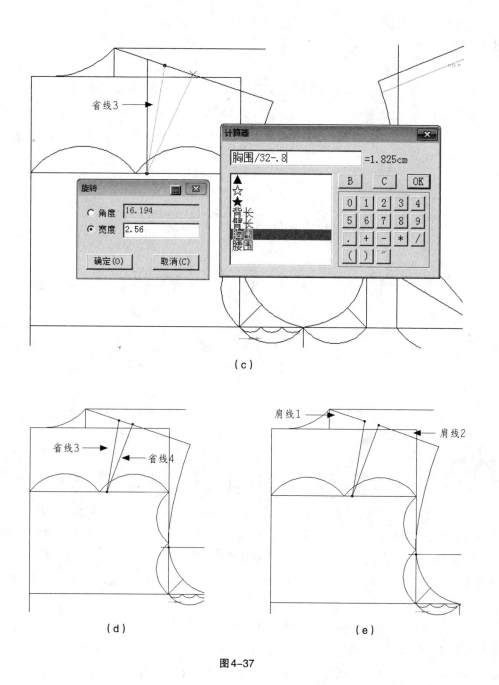

图4-37

至此，新文化式原型衣身（不含腰省分布）绘制完成，如图4-38所示。

本例，为了版面好看一些，也为了便于区分辅助线和轮廓线，可以设置线型。先将快捷工具栏的细实线————设置为粗实线|————或虚线|----，然后选择自由设计工具

栏里的【设置线的颜色类型】工具 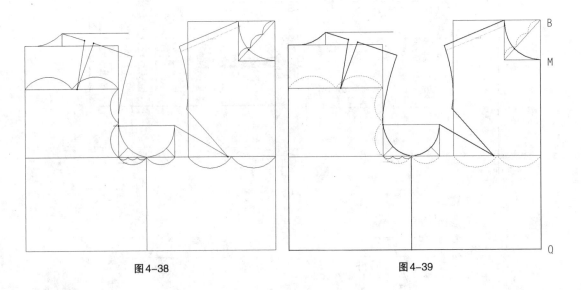，再依次单击需要改变线型的各轮廓线即可，如图 4-39 所示。

注意：线段 BQ 是一条整线，因为只有 MQ 部分才需要设置为粗实线，所以需先将 BQ 线段在 M 点断开。选择 工具，右键框选线段 BQ（只需框选部分即可），则光标变为 型，单击 M 点，则线段 BQ 在 M 点断开，这时，就可以单独设置线段 BM 的线型了。

图 4-38   图 4-39

下面开始绘制新文化式原型的袖子结构图。

选择"旋转"工具条 后的"移动"工具 ，或按键盘 G 键切换 工具，左键单击或框选如图 4-40（a）图所示的各线条，然后单击右键结束选择，再左键单击上述线条的任一点，向右移动光标，则选中的线条会复制成红色，跟着光标移动，在空白处单击左键，完成复制移动。在移动过程中，可向前滑动滚轮，缩小结构图，方便观察放置位置。

用 工具的 功能合并胸省。先单击省线 2、袖窿线 2，再单击右键，接着依次单击 BP 点和省线 2 的另一端点，然后向左下方滑动至 G 点（G 点会呈红色的小太阳状），如图 4—40（a）所示，单击左键完成省道合并，如图 4-40（b）所示。

用 工具将复制出的线条设置为细实线 。

注意：选中"移动"工具 工具后，当光标为 $^{+}_{x^2}$ 时，表示复制并移动；当光标为 $^{+}$，表示只移动，两功能在选中工具后，用 Shift 切换。此处应用的是复制并移动 $^{+}_{x^2}$ 功能。

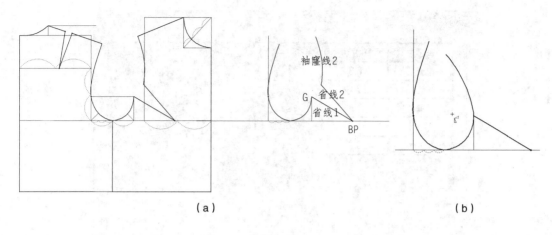

图4-40

用 ✐ 工具的 ⊤ 功能，过 O 点向上绘制垂线，长度超过后袖窿线即可。用 ✐ 工具，分别过前后肩端点绘制水平线，与该垂线交于 R 和 S 点，如图 4-41 所示（a）。

用 ✐ 工具的连角功能修剪多余线条，如图 4-41（b）所示。

用 ⬛ 工具 2 等分 RS 点的距离，6 等分 O 点与 RS 中点的距离，如图 4-41（c）所示。

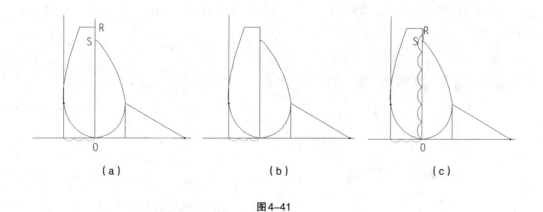

图4-41

用 ✐ 工具，单击后袖窿弧线，弹出"比较长度"对话框，点击"记录"；再连续单击袖窿线 1 和袖窿线 2，点击"记录"，弹出"尺寸变量"对话框，刚才测量的后袖窿弧线，以及袖窿线 1 与袖窿线 2 长度之和出现在最后两栏，可将其符号分别修改为 BAH 和 FAH，如图 4-42 所示，"确定"完成。

关闭"比较长度"对话框。

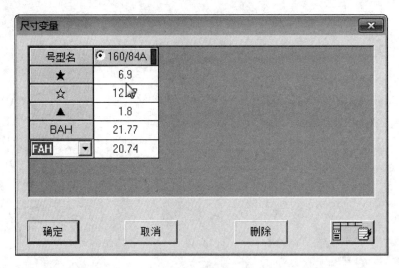

图4-42

　　选择设计工具栏里的"圆规"工具 A，先单击 P 点，再单击胸围线靠左段，弹出"单圆规"对话框，在【长度】后用计算器调入"BAH+1"，如图4-43（a）所示，"OK"、"确定"，完成后袖山斜线绘制。

　　同样的方法，用 A 工具，先单击 P 点，再单击胸围线靠右段，弹出"单圆规"对话框，在"长度"后用计算器调入"FAH"，如图4-43（b）所示，"OK"、"确定"，完成前袖山斜线绘制。

　　注意： ∥ 工具有圆规功能，见 4.1.3 节。

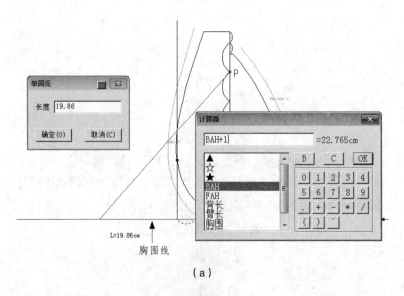

（a）

图4-43

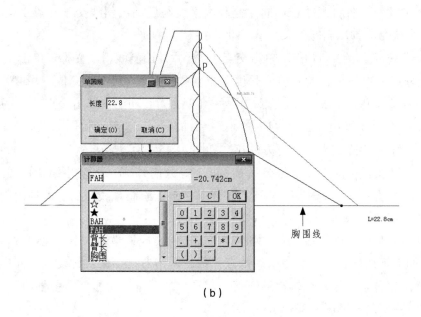

（b）

图4-43

用 ✏ 工具的 Ⅱ 功能，过 P 点，向下绘制垂线，垂线长为"臂长"，如图 4-44（a）所示。

用 ✏ 工具，指向 U 点，当 U 点呈红色小太阳状，右键从 U 点开始向后袖山斜线与胸围线的交点拖拉，单击，绘制成后袖口和后袖缝，如图 4-44（b）所示。

用 ✏ 工具，指向 U 点，当 U 点呈红色小太阳状，右键从 U 点开始向前袖山斜线与胸围线的交点拖拉，单击，绘制成前袖口和前袖缝，如图 4-44（c）所示。

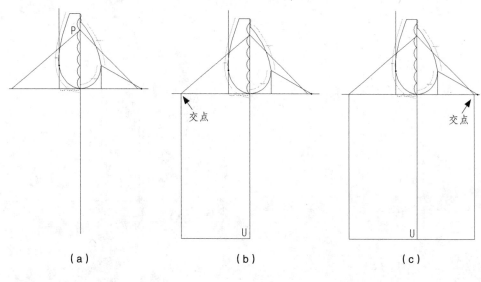

（a）　　　　　　　　　（b）　　　　　　　　　（c）

图4-44

用 ✎ 工具的 T 功能，过 G 点向左绘制水平线与后袖山斜线交于交点 1，过 G 点向右绘制水平线与前袖山斜线交交点 2，如图 4-45（a）所示。

切换到 🚗 工具的 ✚🚗 功能，单击交点 1，沿后袖山斜线滑动光标，单击，弹出"线上反向等分点"对话框，在"单向长度"里输入"1"，"确定"完成。用 ✎ 擦除交点 1 右上方的点，如图 4-45（a）所示；用 🚗 工具的 ✚🚗 功能，单击交点 2，沿后袖山斜线滑动光标，单击，弹出"线上反向等分点"对话框，在"单向长度"里输入"1"，"确定"完成。用 ✎ 擦除交点 2 右下方的点，如图 4-45（b）所示。

用 🚗 工具的 ✚🚗 功能，2 等分后袖宽，2 等分前袖宽；用 ✎ 擦掉胸省的合并线；用 ✎ 工具的 T 功能，分别过等分点 1、等分点 2 向上绘制垂线与后、前袖山斜线相交，如图 4-46（a）所示。

选择"旋转"工具条 ⟲ 后的"对称"工具 ⚖，或按键盘 K 键切换，先分别单击对称轴 1 的上下两端点，然后单击后袖窿弧线，单击右键结束对称复制；同样的方法，用 ⚖ 工具，先分别单击对称轴 2 的上下两端点，然后分别单击两段前袖窿弧线，单击右键结束对称复制，如图 4-46（b）所示。

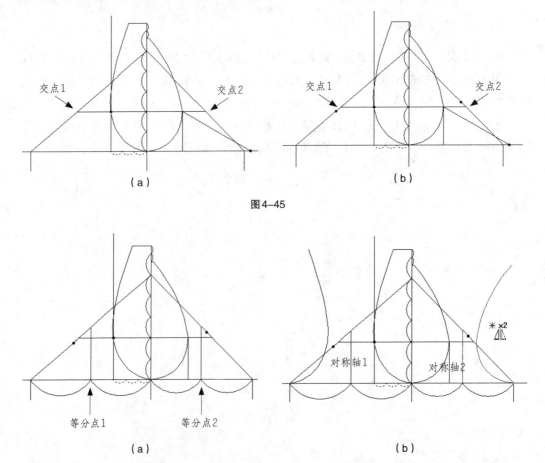

图 4-45

图 4-46

注意：选中"对称"工具 **ⵜ** 后，当光标为 *ⵜ 时，表示复制并对称；当光标为 *ⵜ ，表示只对称，两功能在选中工具后，用 Shift 切换。此处应用的是复制并对称功能 *ⵜ 。

切换到 **✎** 工具，左手按住 Shift 键的同时，左键拖拉后袖山斜线的两端点，光标随即变成三角板状 *ⵜ ，同时后袖山斜线变红，单击后袖山斜线靠 P 点端（P 点呈小太阳状），弹出"点的位置"对话框，在"长度"栏后用计算器调入"FAH/4"，如图 4-47（a）所示，单击"OK"、"确定"，然后向后袖山斜线垂直方向滑动光标，空白处单击，弹出"长度"对话框，输入"2"，如图 4-47（b）所示，"确定"后袖山凸势。

同样的方法，**✎** 工具，左手按住 Shift 键的同时，左键拖拉前袖山斜线的两端点，光标随即变成三角板状 *ⵜ ，单击前袖山斜线靠 P 点端（P 点呈小太阳状），弹出"点的位置"对话框，在"长度"栏后用计算器调入"FAH/4"，如图 4-47（c）所示，单击"OK"、"确定"，向前袖山斜线垂直方向滑动光标，空白处单击，弹出"长度"对话框，输入"1.8"，如图 4-47（d）所示，"确定"前袖山凸势。

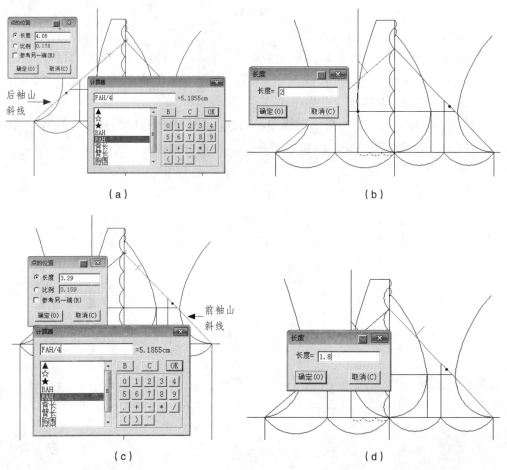

图4-47

用✐工具的∫功能，从后袖山斜线端点开始，依次单击如图4-48（a）所示各点，最后单击前袖山斜线端点，单击右键，结束袖山弧线绘制。

用➤工具，单击袖山弧线，则袖山弧线处于红色选中状态，可单击上面的点或者任何位置，调整其形状，每移动完一点，需单击左键确定位置，如图4-48（b）所示，线条调整圆顺后，在空白处单击左键结束调整。

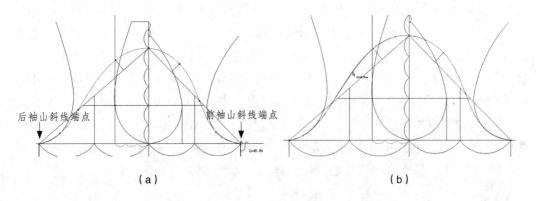

（a）　　　　　　　　　　（b）

图4-48

用✐工具，单击袖中线靠P点段（P点呈小太阳状），弹出"点的位置"对话框，在"长度"栏后用计算器输入"臂长/2+2.5"，"OK"、"确定"后，右键切换到"丁字尺"功能，向右绘制水平线与前袖缝相交，如图4-49（a）所示。

用✐工具的靠边功能连接袖肘线和后袖缝。先左键框选袖肘线，再单击后袖缝，则袖肘线延长至后袖缝，如图4-49（b）所示，单击右键确定。

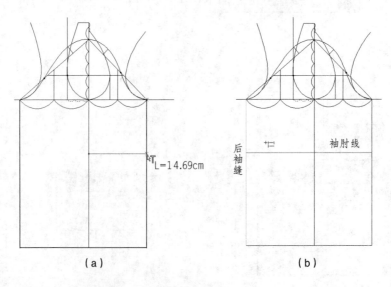

（a）　　　　　　　　　　（b）

图4-49

用 ▦工具，将袖子的轮廓线设置为粗实线|——▾|，等分线设置为虚线|----▾|，如图
4-50 所示。

至此，新文化式原型的衣身（不含腰省）和袖子绘制完成。

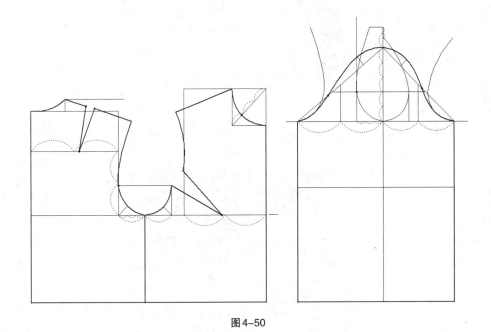

图 4-50

2）纸样设计

选择设计工具栏中的"剪刀"工具 ✂，或按键盘 W 键切换，开始剪取纸样。用
✂工具单击后衣片轮廓线（轮廓线必须组成封闭区域），各线变成红色，如图形封闭，
则剪取的纸样区域会变为深灰色，单击右键，表示结束该衣片轮廓剪取。这时，剪取
的纸样会进入纸样列表框，同时光标会由 ✍ 变为 ⌐▨，用该 ⌐▨工具单击后片内部的胸围
线，则该胸围线会变红，单击右键，胸围线变绿，则后片上显示出该段胸围线。后衣
片剪取及拾取内线（胸围线）结束，如图 4-51（a）所示。

注意：纸样列表框的位置可设置。通过菜单栏里的【选项】—【系统设置】—【界
面设置】里的"纸样列表框布局"可设置纸样列表框在工作区的上方、下方、左方或右方，
本书设置在上方，如图 4-51（b）所示。剪取衣片后，系统会自动给各衣片加上 1cm
缝份，用 F7 键可隐藏或显示缝份，本例隐藏缝份。

当光标为 ⌐▨时，可单击右键，切换到"剪刀"功能 ✍，同样的方法，剪取前衣片，
拾取胸围线；剪取袖子，拾取袖肥线、袖肘线和袖中线，如图 4-51（c）所示。

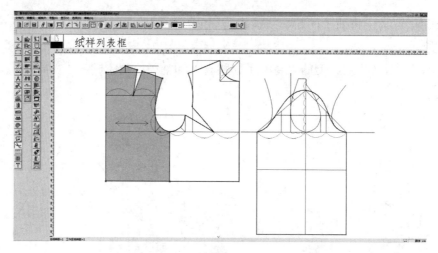

（a）

（b）

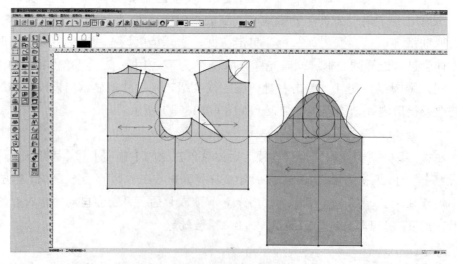

（c）

图4-51

　　选择纸样工具栏的"布纹线"工具 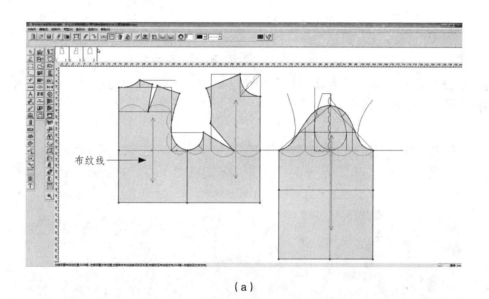，调整各衣片的布纹线方向。光标放在后片上，每单击一次右键，布纹线顺时针旋转45°，将后片布纹线调整至垂直方向。同样的方法，将前片、袖子的布纹线调整为垂直方向，如图4-52（a）所示。

　　双击纸样列表框中的后片，弹出"纸样资料"对话框，在"名称"一栏后输入"后片"，如图4-52（b）所示单击"应用"，则弹出下一个纸样的"纸样资料"对话框，分别给前片和袖子输入"名称"，关闭对话框，完成原型纸样名称的修改。

　　纸样列表框各主要参数说明见图4-52（b）所示

（a）

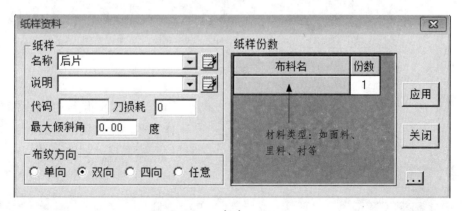

（b）

图4-52

　　将快捷工具栏中的"显示结构图"按钮 按下，表示显示工作区的结构图，弹起则表示隐藏；"显示衣片"按钮 按下，表示显示工作区的纸样，弹起则表示隐藏；"仅显示一个纸样"按钮 按下，工作区就只出现当前在纸样列表框中选中的纸样，弹起则表示在纸样列表框中选中后的纸样都会进入右工作区；"将工作区的纸样收起"工具 指单击纸样列表框中的纸样后，单击 ，则该纸样收入列表框，工作区不显示该纸样。

　　最后，点击【保存】按钮 ，命名存储 dgs 格式的文件。

　　至此，新文化式原型的 CAD 纸样设计完成。

2. 东华原型的纸样设计

1）结构图设计

　　单击快捷工具栏的"新建"工具 ，开始进行东华原型的结构图设计。

　　点击菜单栏中【号型】—【号型编辑】命令，弹出"设置号型规格表"对话框，在"号型名"下分别输入"胸围"、"身高"，并在"160/84A"下输入其人体部位的尺寸，如图 4–53 所示，"确定"完成。

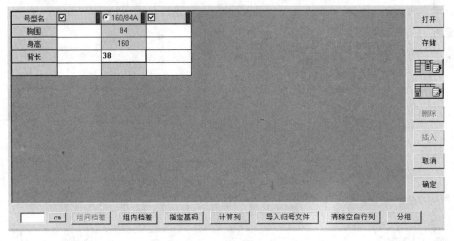

图4–53

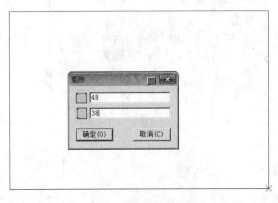

图4–54

　　用 工具的矩形功能绘制框架。在工作区空白处左键拖拉，弹出"矩形"对话框，输入尺寸如图 4–54 所示。

　　用 工具单击后上平线的靠左端（左端点呈红色小太阳状），弹出"点的位置"对话框，在"长度"后用计算器输入"胸围 /20+2.5"，"OK"、"确定"完成，然后连续单击两次右键，则定出后横开领宽点，如图 4–55（a）所示。

选择 🖊 工具，用 Shift 键切换到 ⊢⊥ 功能，⊢⊥ 可直接测量两点的直线长度。测量 A 点和 V 点间的距离，并"记录"为 ★，关闭测量窗口。

用 🖊 工具的 T 功能，过 V 点，向上绘制垂线，垂线段长 "★ /3"，如图 4-55（b）所示。

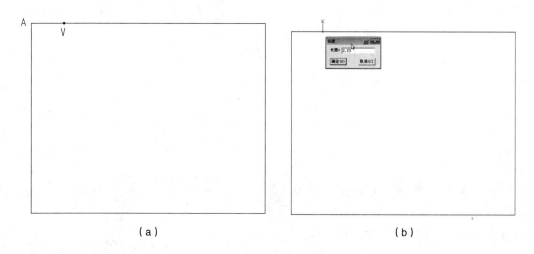

（a）　　　　　　　　　　　　　　（b）

图 4-55

用 🖊 工具的 T 功能，过 N 点，向右水平绘制线 1，长度随意，如图 4-56（a）

用 🖊 工具的 ⌢ 功能，以线 1 为基准，向上绘制前上平线，间距为"胸围 /60"，如图 4-56（b）所示。

用 🖊 工具的连角功能连接和修剪线条。左键同时或依次框选后上平线和 VN 线段，在 V 点左上方单击右键，则可修剪后上平行线，如图 4-56（c）所示。🖊 工具左键依次框选前上平线和前中心线，在 B 点左下方单击右键，则连接前上平线和前中心线，如图 4-56（d）所示。

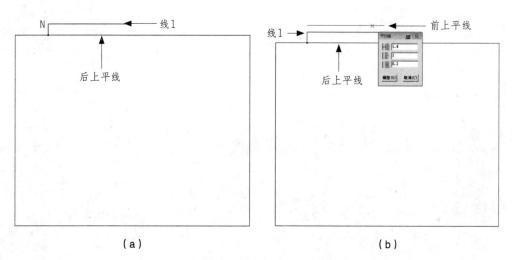

（a）　　　　　　　　　　　　　　（b）

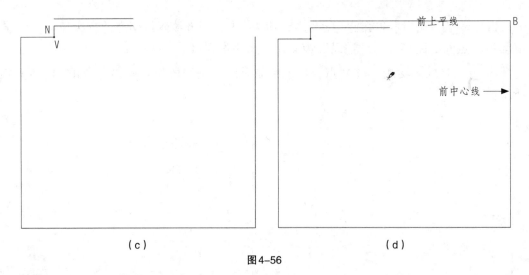

（c）　　　　　　　　　　　　（d）

图4-56

用![工具]工具的![功能]功能，以前上平线为基准，向下绘制胸围线，间距为"身高/10+8"。用![工具]工具的靠边功能连接胸围线与后中心线，先左键框选胸围线，再单击后中心线，则可将胸围线延长至后中心线，单击右键完成，如图4-57所示。

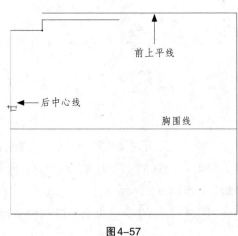

用![工具]工具的![T]功能绘制背宽线，单击胸围线靠左端（左端点呈红色小太阳状），弹出"点的位置"对话框，在"长度"后用计算器输入"胸围*.13+7"，"OK"、"确定"完成，向上绘制背宽线与线1相交，如图4-58（a）所示。

同样的方法绘制胸宽线，胸宽线与前中心线的距离为"胸围*.13+5.8"，如图4-58（b）所示。

图4-57

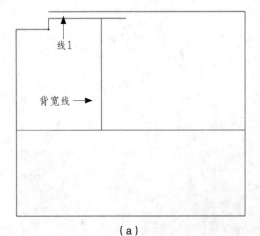

（a）

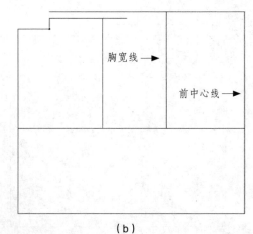

（b）

图4-58

用🚗工具 2 等分胸围线；用 ✎ 工具的 Ｔ 功能，过胸围线等分点，垂直向下绘制侧缝线与腰围线相交，如图 4-59 所示。

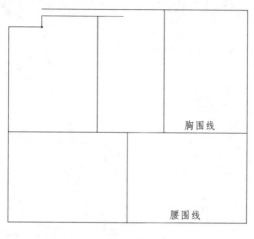

图 4-59

用🚗工具 5 等分线段 WA。用 ✎ 工具的 Ｔ 功能，过第 3 个等分点，向右绘制水平线与背宽线相交，如图 4-60（a）所示。

用 ✎ 工具的 ⌒ 功能，以胸围线为基准，平行向上绘制线 2，间距为"胸围 /40+2"。用 ✎ 工具的连角功能连接侧缝线与线 2。左键同时或依次框选线 2 和侧缝线，在 G 点右下方单击右键即可，如图 4-60（b）所示。

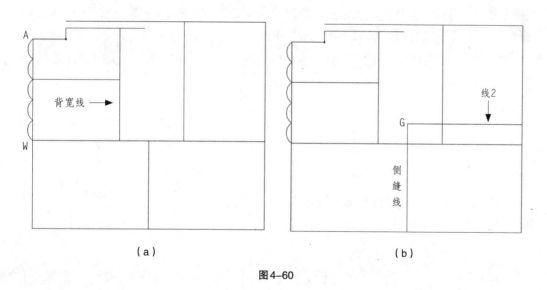

（a）   （b）

图 4-60

用 □ 工具，以 B 点为起点，向左下角绘制前领口框架，其中 □ 为 "★ -0.2"，□ 为 "★ +0.5"（★ 为图 4-56 测量的尺寸）。用 ✎ 工具的 ⌠ 功能连接前领口框架的对角线。用 �. 工具将对角线调整为领口弧线，如图 4-61（a）所示。

用✐工具的⌒功能，依次单击 A 点，后上平线上靠近左端点的任一点，在弹出的"点的位置"对话框下的"长度"后输入"2"，单击"确定"，再单击 N 点，最后单击右键绘制成后领口曲线，如图 4-61（b）所示。

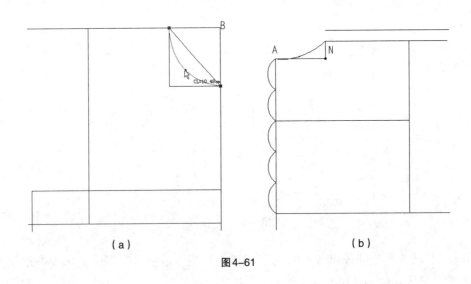

（a）　　　　　　　　　　　　　（b）

图 4-61

用✐工具的⌒功能，以背宽线为基准，平行向右绘制线 3，间距为"1.5"，如图 4-62（a）所示。

用✐工具，先单击线 1，然后单击 N 点，移动光标会出现红色的角度线，单击右键，可变化角度的起始线，当角度显示为如图 4-62（a）所示就无需再调整起始线，移动光标至线 3，当线 3 呈红色时，单击，弹出"角度线"对话框，在✐一栏后输入"18"，"确定"完成后肩线绘制，如图 4-62（a）所示。

用✐工具擦除线 3。用✐工具，单击后肩线，并"记录"为☆，关闭"比较长度"对话框，如图 4-62（b）所示。

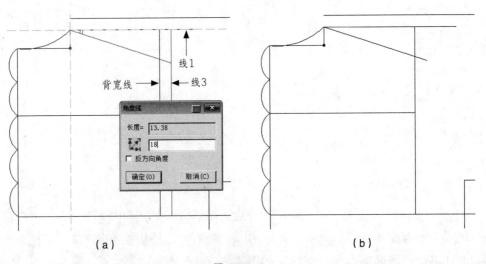

（a）　　　　　　　　　　　　　（b）

图 4-62

同样的方法，用 工具，绘制前肩线。以前上平线为底边线，K点位坐标原点，"长度"为"☆"， 为"22"，如图4-63所示。

用 工具2等分OC线段；用 工具，测量其中一份的长度，并记录为▲；用 工具的 功能，以C点为起点，绘制45°线，长度为▲，绘制成后袖窿凹势。同样的方法，过J点绘制前袖窿凹势，长度为"▲-0.5"，如图4-64所示。

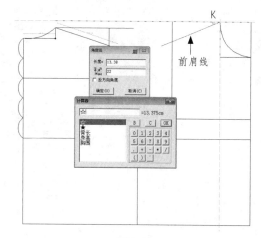

图4-63

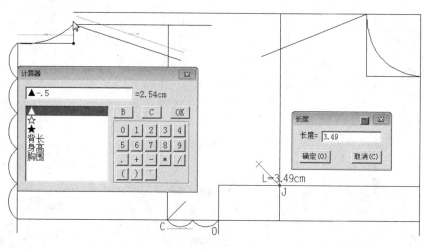

图4-64

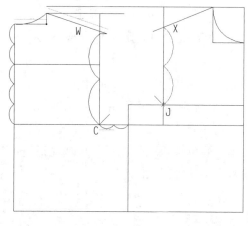

图4-65

用 工具的 功能，过后肩端点做水平线与背宽线相交于W点；用 工具，2等分CW线段，2等分XJ线段，如图4-65所示。

用 工具的 功能，依次单击后肩端点、CW线段中点、后袖窿凹势和O点，单击右键结束后袖窿弧线绘制。同样的方法，依次单击O'点、前袖窿凹势、XJ线段中点和前肩端点，最后单击右键结束前袖窿弧线绘制，如图4-66所示。

用 工具，调整袖窿弧线。依次单击后袖窿和前袖窿，两线变绿，单击右键，再

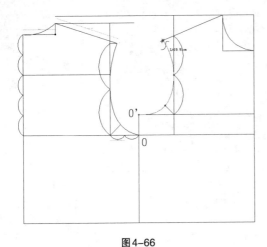

图4-66

依次单击后肩线和前肩线，线变蓝，单击右键，则弹出"合并调整"对话框，同时前后肩线合并，复制出一条前袖窿与后袖窿连接，如图4-67（a）所示。

左键单击蓝色的前袖窿或绿色的后袖窿上任意一点或任意位置，滑动光标，则可对该线进行调整，线条位置调整好后，单击左键确定位置，最后单击右键结束调整，如图4-67（b）所示。

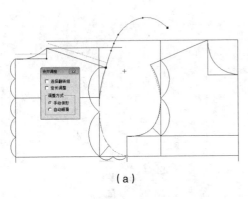

（a）

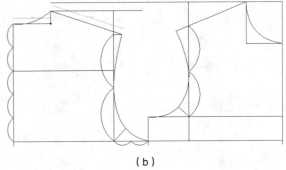

（b）

图4-67

继续用 ![]工具调整领口弧线。左键依次单击前领口弧线、后领口弧线，线变绿，单击右键，再依次单击前肩线、后肩线，线变蓝，单击右键，则弹出"合并调整"对话框，同时前后肩线合并，复制出一条后领口弧线与前领口弧线连接，如图4-68（a）所示。向前滑动鼠标滚轮，缩小结构图，方便观察前后领口在肩线连接处是否光滑。

单击前领口或后领口弧线，调整至圆顺为止，单击左键，确定位置直接单击右键结束调整，如图4-68（b）所示。

用 ![]工具检查和调整后领口弧线。先单击后中心线，则中心线向上延伸表示为对称轴，再单击后领口弧线，则该线以后中心线为对称轴展开，单击右键表示已经选完需要修改的线条，如图4-68（c）所示，这时，可单击左右任何一领口线进行调整，左键确定调整后线条的位置，右键结束调整，如图4-68（d）所示。为方便观察，可向前滑动鼠标滚轮，缩小结构图，或向后滑动鼠标，放大结构图。

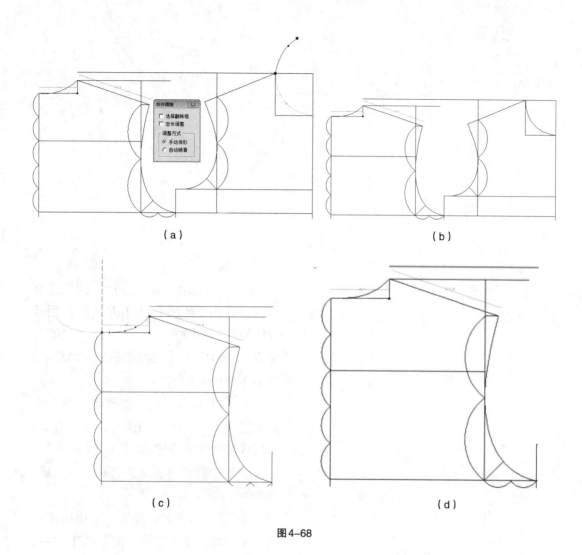

图4-68

用 ✐ 工具的靠边功能将肩背横线延长到后袖窿上。用 ⌒ 工具，2等分该线。用 ✐ 工具右键框选肩背横线，则切换到 ✚ 功能，单击肩背横线的中点，则该线被剪断为两段，如图4-69（a）所示。

用 ⌒ 工具的 ✚⌒ 功能，单击肩背横线与后袖窿的交点，上下滑动光标，单击，弹出"线上反向等分点"对话框，在"单向长度"后用计算器输入"胸围/40-0.6"，"OK"、"确定"完成。用 ✐ 工具，擦除交点以下的点，保留Y点。用 ✐ 工具的 ∫ 功能，连接E点和Y点，绘制省线1，如图4-69（b）所示。

用 ✐ 工具的 ✚ 功能，先单击省线1，再单击右键结束选择，接着依次单击E点和Y点，然后向右下方滑动光标，当旋转的线条刚好和肩背横线右半段重合时，单击，绘制成省线2。用 ✐ 工具的 ∫ 功能，过省线2的右端点，重新绘制袖窿弧线，到O点结束。用 ✐ 工具的连角功能，修剪后袖窿，如图4-69（c）所示。

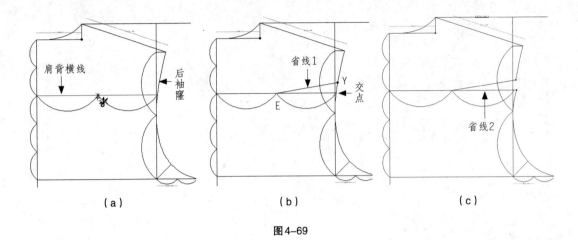

（a）　　　　　　（b）　　　　　　（c）

图 4-69

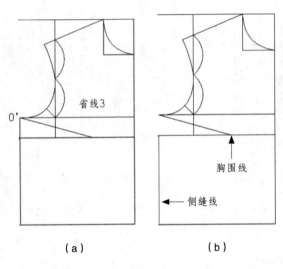

（a）　　　　　　（b）

图 4-70

用 ✎ 工具的 *∫ 功能，单击胸围线靠右段，弹出【点的位置】对话框，用计算器输入"胸围 *.1+0.5""OK"、"确定"完成，单击 O'点，右键结束省线 3 的绘制，如图 4-70（a）所示。

用 ✎ 工具的靠边功能修剪线条。左键框选侧缝线，单击胸围线，单击右键，则完成侧缝线的修剪，如图 4-70（b）所示。

至此，东华女子原型衣身制图完成，如图 4-71 所示。

用 ▥ 工具设置各线型，其中胸围线和前中心线需要先剪断再设置，如图 4-72 所示。

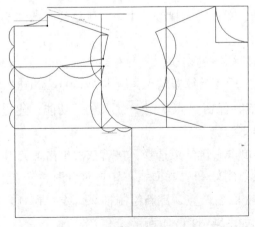

图 4-71

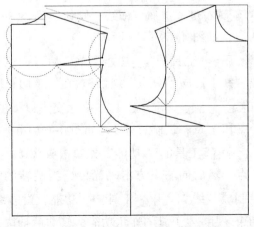

图 4-72

2）纸样设计

用 ✂ 工具依次剪取后片和前片，如图 4-73 所示。

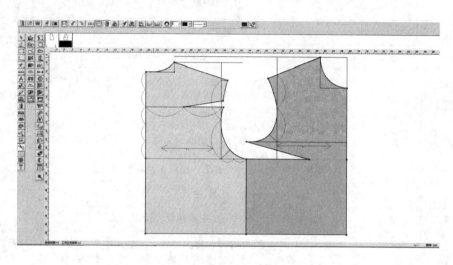

图4-73

用 🖐 工具，调整各衣片的布纹线方向。将后片和前片布纹线调整至垂直方向。双击纸样列表框中的后片，弹出"纸样资料"对话框，修改纸样名称等参数，如图 4-74 所示。

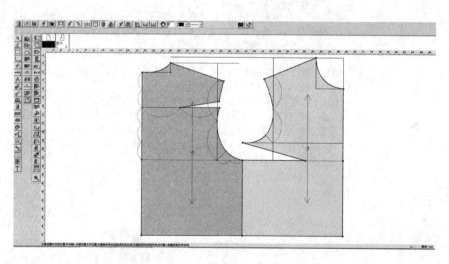

图4-74

最后，点击"保存"按钮 💾，命名存储 dgs 格式的文件。

4.1.3 本节主要菜单和工具介绍

表4-1　本节主要菜单与工具

菜 单 栏		
菜单	名称	主要功能和使用方法
【号型】 → 【号型 编辑】	设置号 型规格表	1）可以点击"存储"，单独存储规格表，然后可在其他纸样文件中用"打开" 　　按钮直接调入存储好的规格表。 2）可以修改基码。 3）可修改各码纸样的颜色。 4）可以点击【cm】按钮，设置单位为厘米、毫米、市寸或英寸。 5）可以随时修规格表中的尺寸。 6）规格表中的基码尺寸在工作区中可用计算器调出。
设 计 工 具 栏		
图标	名称	主要功能和使用方法
	调整	功能：用于调整曲线的形状，修改曲线上控制点的个数，曲线点与转折点的转 　　　换，改变钻孔、扣眼、省、褶的属性，可在结构图和纸样上操作。 功能：调整单个控制点。 ①图4-33所述的功能。 ②定量调整控制点：用该工具选中线后，把光标移在控制点上，敲回车键，弹 　出"移动量"的对话框，输入移动数值即可； ③用该工具选中线后，把光标移至控制点上按Shift 可在曲线点与转折点之 　间切换；在曲线与折线的转折点上，如果把光标移在转折点上击鼠标右键， 　曲线与直线的相交处自动顺滑；在此转折点上按Ctrl键，滑动光标，则可拉 　出一条控制线，可使得曲线与直线的相交处顺滑相切，右键单击控制线端 　点，可删除之。 ④用该工具选中曲线，敲小键盘的数字键，可更改线上的控制点个数。 ⑤移动框内所有控制点：左键框选按回车键，会显示控制点，在对话框输入数 　据，这些控制点都偏移。
	合并调整	功能：用于调整前后袖窿、下摆、省道、前后领口及肩点拼接处等位置的调 　　　整。适用于结构图和纸样。 用法：如图4-34的应用所示。"合并调整"对话框中： ①选择翻转组：当图形为同边时，勾选，然后再选择需要翻转的线条，进行调 　整。如图4-75（a）所示，因为前后衣片领口同边，所以，开始呈如图4-75 　（a）所示状，当勾选"选择翻转组"后，单击后领口线，如图4-75（b）所示， 　则可进一步调整。 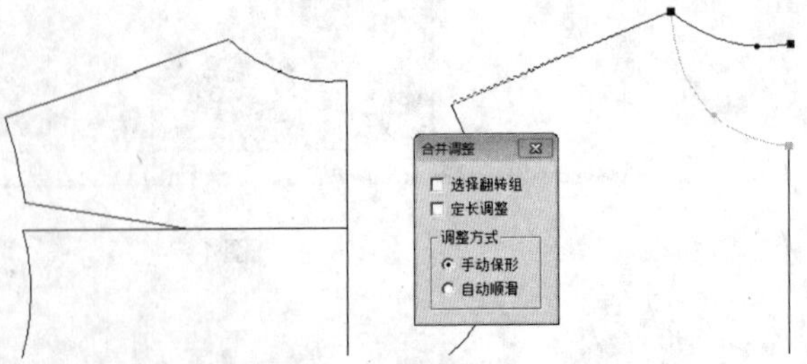 　　　　　　　　　　　　　　　（a）

（续表）

设 计 工 具 栏		
图标	**名称**	**主要功能和使用方法**
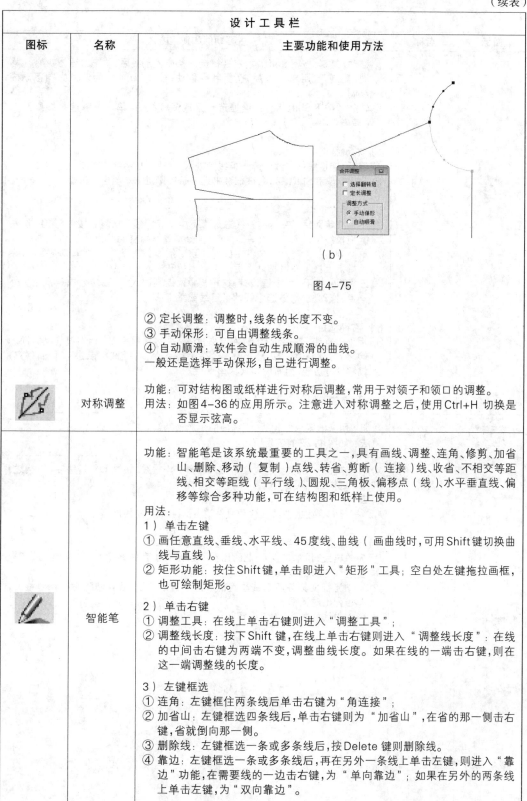	对称调整	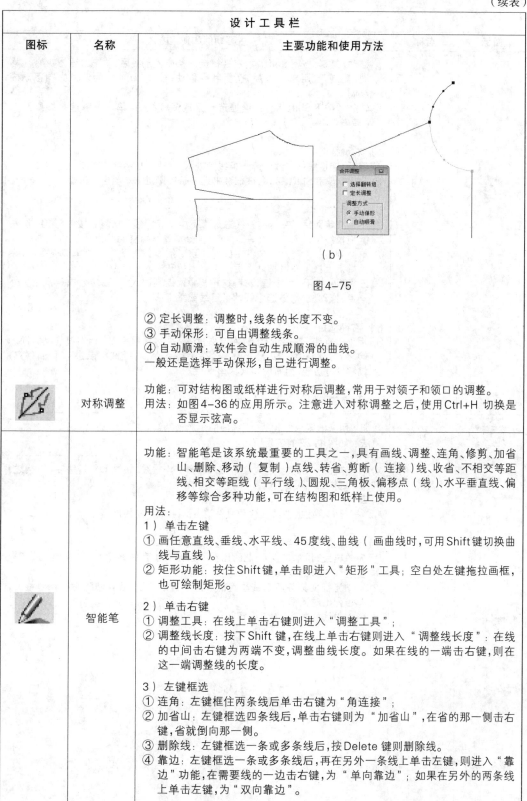 （b） 图4-75 ② 定长调整：调整时，线条的长度不变。 ③ 手动保形：可自由调整线条。 ④ 自动顺滑：软件会自动生成顺滑的曲线。 一般还是选择手动保形，自己进行调整。 功能：可对结构图或纸样进行对称后调整，常用于对领子和领口的调整。 用法：如图4-36的应用所示。注意进入对称调整之后，使用Ctrl+H 切换是否显示弦高。
	智能笔	功能：智能笔是该系统最重要的工具之一，具有画线、调整、连角、修剪、加省山、删除、移动（复制）点线、转省、剪断（连接）线、收省、不相交等距线、相交等距线（平行线）、圆规、三角板、偏移点（线）、水平垂直线、偏移等综合多种功能，可在结构图和纸样上使用。 用法： 1）单击左键 ① 画任意直线、垂线、水平线、45度线、曲线（画曲线时，可用Shift键切换曲线与直线）。 ② 矩形功能：按住Shift键，单击即进入"矩形"工具；空白处左键拖拉画框，也可绘制矩形。 2）单击右键 ① 调整工具：在线上单击右键则进入"调整工具"； ② 调整线长度：按下Shift 键，在线上单击右键则进入"调整线长度"：在线的中间击右键为两端不变，调整曲线长度。如果在线的一端击右键，则在这一端调整线的长度。 3）左键框选 ① 连角：左键框住两条线后单击右键为"角连接"； ② 加省山：左键框选四条线后，单击右键则为"加省山"，在省的那一侧击右键，省就倒向那一侧。 ③ 删除线：左键框选一条或多条线后，按Delete 键则删除线。 ④ 靠边：左键框选一条或多条线后，再在另外一条线上单击左键，则进入"靠边"功能，在需要线的一边击右键，为"单向靠边"；如果在另外的两条线上单击左键，为"双向靠边"。

（续表）

设计工具栏		
图标	**名称**	**主要功能和使用方法**
		⑤ 移动/复制：按下 Shift 键，左键框选一条或多条线后，单击右键为功能"移动/复制"，用 Shift 键切换复制或移动，按住 Ctrl 键，为任意方向移动或复制。 ⑥ 转省：按下 Shift 键，左键框选一条或多条线后，单击左键选择线则进入"转省"功能。 4）右键框选 ① 剪断/连接线：右键框选一条线则进入"剪断/连接线"功能。 ② 收省：按下 Shift 键，右键框选框选一条线则进入"收省"功能。 5）左键拖拉 ① 不相交等距线：左键拖拉线进入"不相交等距线"功能；按下 Shift 键，左键拖拉线则进入"相交等距线"，再分别单击相交的两边。 ② 单圆规：在关键点上按下左键拖动到一条线上放开进入"单圆规"；在关键点上按下左键拖动到另一个点上放开进入"双圆规"。 ③ 三角板：按下 Shift 键，左键拖拉选中两点则进入"三角板"，再点击另外一点，拖动鼠标，做选中线的平行线或垂直线。 6）右键拖拉 ① 水平垂直线：在关键点上，右键拖拉进入"水平垂直线"用右键切换方向。 ② 偏移点/偏移线：按下 Shift 键，在关键点上，右键拖拉点进入【偏移点/偏移线】功能，用右键切换保留点/线。 7）回车键：取【偏移点】
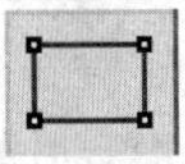 矩形		功能：用来做矩形结构线、纸样内的矩形辅助线。 用法：如图4-22的应用所示。
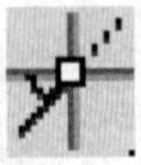 角度线		功能：作任意角度线，过线上（线外）一点作垂线、切线（平行线）。结构线、纸样上均可操作。 用法： 1）在已知直线或曲线上作角度线，如图4-29的应用所示 2）过线上一点或线外一点作垂线，如图4-76所示。 ① 先单击线，再单击点A，此时出现两条相互垂直的参考线，按 Shift 键，切换参考线与所选线重合。 ② 移动光标使其与所选线垂直的参考线靠近，光标会自动吸附在参考线上，单击弹出对话框。 ③ 输入垂线的长度，单击确定即可。 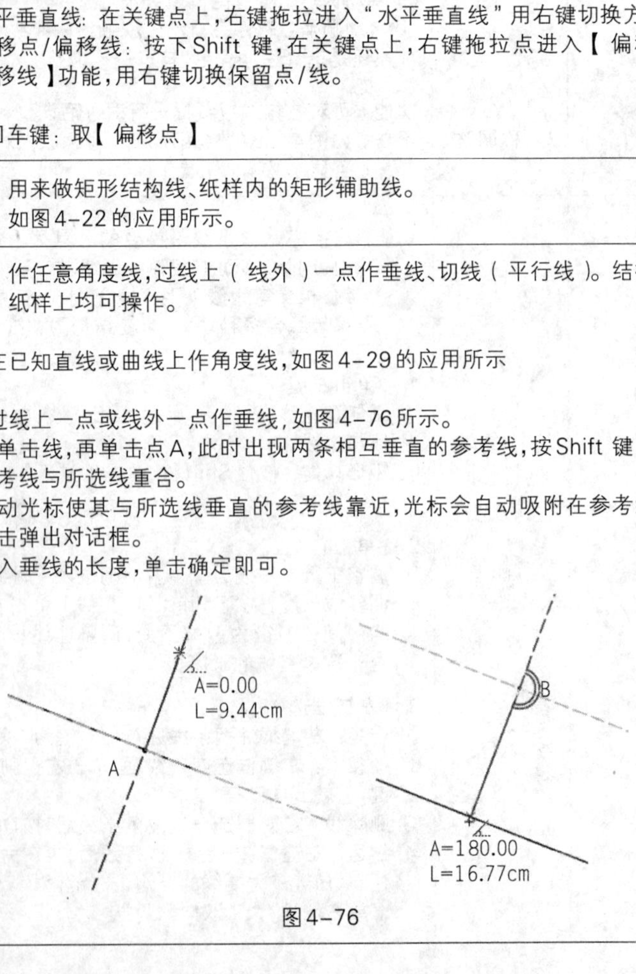 A=0.00 L=9.44cm A B A=180.00 L=16.77cm 图4-76

（续表）

设 计 工 具 栏		
图标	**名称**	**主要功能和使用方法**
		3）过线上一点作该线的切线或过线外一点作该线的平行线，如图4-77所示。 ① 先单击线，再单击点A，此时出现两条相互垂直的参考线，按Shift键，切换参考线与所选线平行； ② 移动光标使其与所选线平行的参考线靠近，光标会自动吸附在参考线上，单击，弹出对话框； ③ 输入平行线或切线的长度，单击确定即可。 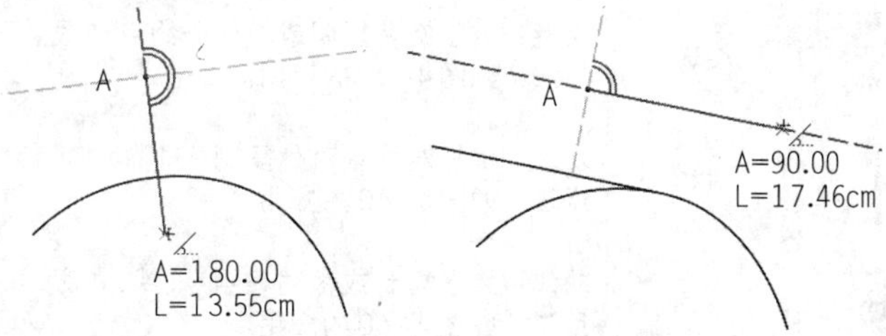 A=180.00　L=13.55cm A=90.00　L=17.46cm 图4-77
	等份规	功能：在线上加等份点、在线上加反向等距点。在结构线上或纸样上均可操作。 用法：如图4-14、图4-16的应用。 1）用Shift键切换┼与┼功能，当为┼功能时，右键切换有无等分线； 2）等分线段：在线上单击即可。如果在局部线上加等份点或等分线，单击线的一个端点后，再在线中单击一下，再单击另外一端即可。
	圆规	功能：纸样、结构线上都能操作。 1）单圆规：作从关键点到一条线上的定长直线。常用于画肩斜线、夹直、裤子后腰、袖山斜线等。 2）双圆规：通过指定两点，同时作出两条指定长度的线。常用于画袖山斜线、西装驳头等。 用法：如图4-43的应用
	剪断线	功能：用于将一条线从指定位置断开，变成两条线。或把多段线连接成一条线。结构线上和纸样辅助线都能操作。 用法： 1）剪断操作：（也可参考⟋的剪断线功能） ① 用该工具在需要剪断的线上单击，线变色，再在非关键上单击，弹出【点的位置】对话框； ② 输入恰当的数值，点击确定即可； ③ 如果选中的点是关键点（如等份点或两线交点或线上已有的点），直接在该位置单击，则不弹出对话框，直接从该点处断开。 2）连接操作：用该工具框选或分别单击需要连接线，击右键即可。
	橡皮擦	功能：用来删除结构图上点、线，纸样上的辅助线、剪口、钻孔、省褶等。 用法： 1）用该工具直接在点、线上单击，即可； 2）如果要擦除集中在一起的点、线，左键框选即可。

（续表）

设计工具栏		
图标	**名称**	**主要功能和使用方法**
		功能：用于测量一段线的长度、多段线相加所得总长、比较多段线的差值，也可以测量剪口到点的长度。在纸样、结构线上均可操作。 用法： 1）测量一条线条或线段的长度，如图4-29的应用。 2）测量两点间的距离，如图4-23的应用。 3）测量多条线段的长度和，连续单击多条线段，单击右键结束即可。 4）比较两条线的长度：单击A线，单击右键，再单击B线，即可。 5）该工具默认是比较长度，按Shift可切换成测量两点间距离。
	旋转	功能：用于旋转复制或旋转一组点或线。适用于结构线与纸样辅助线。 用法：如图4-30的应用。
	对称	功能：根据对称轴对称复制（对称移动）结构线或纸样。 用法：如图4-46的应用。
	移动	功能：用于复制或移动一组点、线、扣眼、扣位等。 用法：如图4-40的应用。
	剪刀	功能：用于从结构线或辅助线上拾取纸样。 应用： 1）方法1：用该工具单击或框选围成纸样的线，最后击右键，系统按最大区域形成纸样，如图4-52的应用； 2）方法2：按住Shift键，用该工具单击形成纸样的区域，则有颜色填充，可连续单击多个区域，最后右键完成。 3）方法3：用该工具单击线的某端点，按一个方向单击轮廓线，直至形成闭合的图形。拾取时如果后面的线变成绿色，击右键则可将后面的线一起选中，完成拾样。 4）在该工具状态下，按住Shift键，击右键可弹出"纸样资料"对话框。
	设置线的颜色类型	功能：用于修改结构线的颜色、线类型、纸样辅助线的线类型与输出类型。 用法： 1）改线型：框选或左键单击改线型。 2）改颜色：修改颜色，用该工具右键单击或框选线条即可。

纸样工具栏		
图标	**名称**	**主要功能和使用方法**
	布纹线和两点平行	功能：用于调整布纹线的方向、位置、长度以及布纹线上的文字信息。 应用： 1）用该工具在纸样上击右键，布纹线以45度来旋转。 2）用该工具用左键单击纸样上的两点，布纹线与指定两点平行； 3）用该工具在纸样（不是布纹线）上先用左键单击，再击右键可任意旋转布纹线的角度； 4）用该工具在布纹线的"中间"位置用左键单击，拖动鼠标可平移布纹线； 5）选中该工具，把光标移在布纹线的端点上，再拖动鼠标可调整布纹线的长度； 6）选中该工具，按住Shift键，光标会变成T击右键，布纹线上下的文字信息旋转90度； 7）选中该工具，按住Shift键，光标会变成T，在纸样上任意点两点，布纹线上下的文字信息以指定的方向旋转。 8）布纹线上的文字大小可在【选项】—【布纹线字体】里设置；布纹线上显示的信息可在【选项】—【布纹设置】里进行设置。

（续表）

快 捷 键 功 能		
图标或菜单	名称	主要功能和使用方法
	T键	类似于 $\boxed{\angle}$ 的单向靠边功能，既能裁剪又能靠边。先左键单击被靠边的基准线，再左键单击准备靠边的线条即可。
	V键	类似于 $\boxed{\angle}$ 的连角功能。分别左键单击需要连角的两条线即可。如果两条线有多种连角方式，单击线条时，靠近哪个端点点击，则该端保留。 类似于 $\boxed{\angle}$ 的双向靠边功能，既能裁剪又能靠边。先左键单击第一条边线，再单击第二条边线，接着左键单击靠边的线，右键结束。
	H键	注意：在非汉字输入法状态下，在使用其他工具时，直接按键盘上的T、V或者H键就可以切换。

4.1.4 小结

本节主要介绍了如何应用富怡服装设计与放码系统进行原型的净样设计，需要读者注意掌握以下知识点：

1. 原型纸样设计的基本流程

设置号型规格表—绘制和调整结构图—剪取纸样—调整纱向—修改纸样资料—保存

2. 重点掌握 $\boxed{\angle}$、$\boxed{\nwarrow}$、$\boxed{}$、$\boxed{\angle}$、$\boxed{}$、$\boxed{}$、$\boxed{}$ 和 $\boxed{}$ 的功能和使用方法。

3. 掌握 Shift 键在本软件中的重要功能：通常是同一工具，两种功能的切换。

4. 其他

学习服装 CAD 软件要善于利用状态栏的提示功能。状态栏一般都有当前选中工具的信息提示，一些需要多步完成的工具还有详细的步骤提示，读者可以根据提示栏的信息逐步操作，这对快速掌握服装 CAD 软件十分有益。

练习题：

1. 请完成童装原型的制图，规格表如表 4-2 所示，结构图如图 4-78 所示。

表4-2 童装原型规格表

号型	胸围	背长
120/60	60cm	28cm

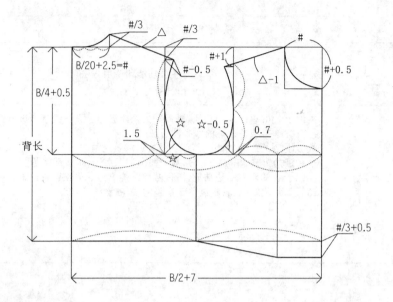

图4-78

2. 请完成东华原型（男子）的制图，规格表如表4-3所示，结构图如图4-79所示。

表4-3　男装原型规格表

号型	胸围	身高	背长
170/88A	88cm	170cm	42.5cm

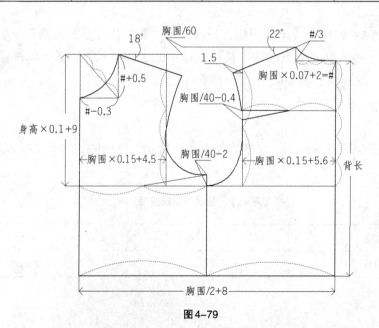

图4-79

4.2 省道、褶皱和分割服装的纸样设计

省道设计被称为女装设计的灵魂，而褶皱和分割是丰富服装内部造型的重要手段，但是如果使用手工转省、手工褶皱设计，其过程会显得比较繁琐，现在，人们更愿意使用服装 CAD 软件进行省道、褶皱和分割的设计，这可以极大提高工作效率。

本书以新文化式原型为例讲解省道、褶皱和分割衣身的纸样设计，读者也可应用东华原型进行同样的设计。

4.2.1 省道设计

新文化式原型前片的胸省位于袖窿处，如图 4-80 所示，后片的肩胛骨省道位于肩线，应用服装 CAD 软件可以轻松地将原型的省道转移到服装的任何部位。

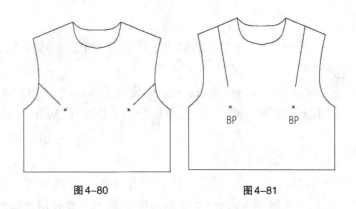

图4-80　　　　　　　　图4-81

1. 前肩省设计

前肩省指省道位于服装的肩部，分析本例肩省的位置，如图 4-81 所示，肩省位于肩宽的 1/2 处，为避免胸部造型过于突兀，肩省省尖没有直接收到胸高点（BP），而是距离 BP 点约 5cm 左右。

打开 4.1 节绘制的新文化式原型文件，如图 4-82（a）所示。

依次单击纸样列表框中的前片和袖子，使其进入工作区，再单击菜单栏中的【纸样】—【删除工作区所有纸样】，弹出"要删除工作区所有纸样吗？"的对话框，单击"是"，则前片和袖子的纸样被删除。

用 ✐ 工具，擦除结构图上多余的线条，只留下前后衣片的轮廓线。用 ✐ 工具的 ✕ 功能将前后片的腰围线断开，整理后的结构图和纸样如图 4-82（b）所示。

点击菜单【文档】—【另存为】，将文件换名保存。

注意：本例删除前片和袖子的纸样、袖子的结构图、前后片的辅助线。如果在单击纸样列表框中的纸样时，不慎将后片也选中，可选中后片，单击快捷工具栏中的"将工作窗的纸样收起"工具 ✐，则后片会被收起，工作区不显示该衣片。也可用菜单栏的【纸样】—【清除当前选中的纸样】实现同样的目的。

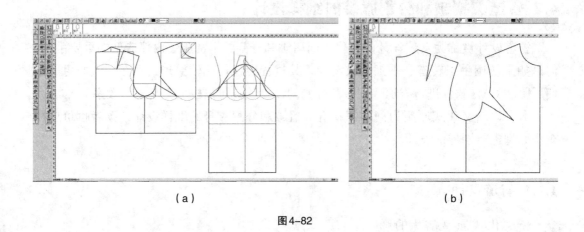

（a）　　　　　　　　　　　（b）

图4-82

用 工具2等分前肩线。用 工具的 功能，连接BP点和肩线的等分点，绘制成新省线，如图4-83（a）所示。

工具右键框选新省线，切换到【剪断线】功能 ，单击新省线靠近BP点段（当光标指向新省线时，BP点呈红色小太阳状），弹出的"点的位置"对话框，在"长度"后输入"5"，"确定"完成。 工具左键框选剪断的5cm线段，按键盘Delete删除，如图4-83（b）所示。

选择设计工具栏的"转省"工具 ，左键框选或单击转移线（省道转移时，会发生移动的线条）：袖窿2和前肩线，单击右键表示选择结束，单击新省线，单击右键表示选择结束（新省线可以是多条）；依次单击合并省道的起始边：省线1；合并省道的结束边：省线2，如图4-83（b）所示，则省道转移完成，如图4-83（c）所示。

注意：上述转省也可用 工具完成，按住Shift工具，左键框选袖窿2和前肩线，Shift键不要松开，单击新省线，则切换到转省工具，可松开Shift键，单击右键结束新省线的选择，再依次单击省线1和省线2，转省完成。

用 工具左键同时框选线1、2、3、4，然后在线2的右边单击右键（单击右键的位置就是省道缝合后的倒向），则给新的肩省加上省山，省道缝合后需倒向领口，如图4-83（e）所示。

注意：智能笔加省山的功能同设计工具栏里的"加省山"工具 一样。如果用"加省山"工具 ，可依次单击线1、2、3、4，则省道缝合后需倒向肩部，如图4-83（e）所示；如果依次单击线4、3、2、1，则省道缝合后需倒向领口，如图4-83（f）所示。

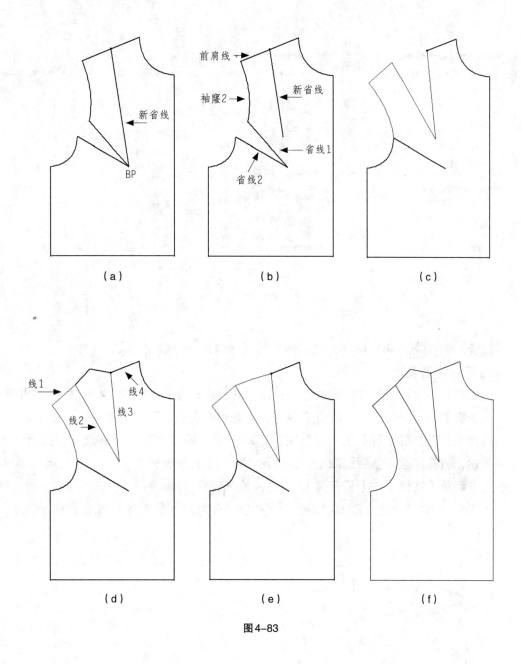

图4-83

为了版面美观，可选择【设置线的颜色类型】工具🏷，将前片的轮廓线和省道设置为粗实线。用✏️工具擦除原胸省线，如图4-83（f）所示。

用✂️工具左键框选整个前片，如图4-84（a）所示，单击右键，则剪成前片纸样，同时，省线会自动生成内部线条。选择"布纹线"工具🏷，将布纹线调整至垂直方向，修改纸样资料，如图4-84（b）所示。

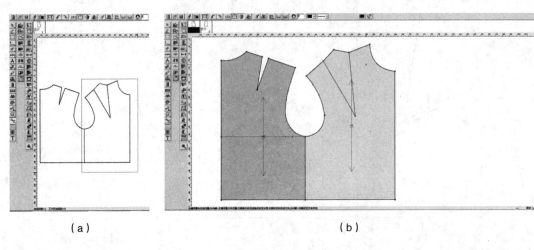

（a）   （b）

图4-84

最后，单击 ▣ ，再次保存，完成转省的纸样设计。

2. 不对称省设计

一般左右不对称的服装需要将整个衣片展开后再进行制图。如图4-85所示的省道，一个位于肩部，一个位于侧缝，省道没有直接收到胸高点，距离胸高点约为2cm左右。

打开4.1节绘制的新文化式原型文件，调整原型的方法同前肩省设计，这里就不一一赘述，直接跳至调整后的原型图，如图4-83（b）所示。

点击菜单【文档】—【另存为】，将文件换名保存。

用 ⋀ 工具的 ⚹⋀ 功能，以前中心线为对称轴，复制对称前衣片，如图4-86所示。

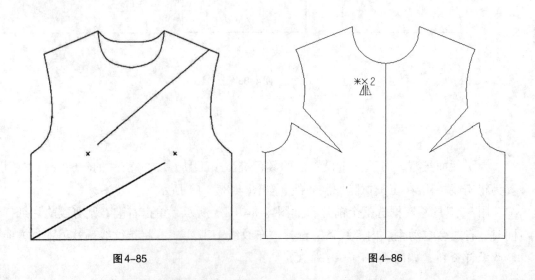

图4-85   图4-86

用 ✎ 工具的 ⌐ 绘制新省线 1 和新省线 2，新省线 1 距离右肩端 2cm，与左 BP 点相连；新省线 2 为 A 点和右 BP 点的连线，如图 4-87（a）所示。

用 ✎ 工具的 ✂ 功能，在距离 BP 点 2cm 的位置剪断新省线 1 和新省线 2，并用 ▱ 工具擦除剪下的 2cm 线段，如图 4-87（b）所示。

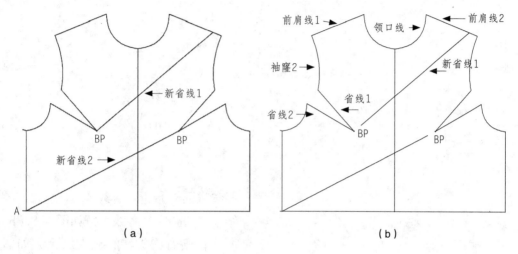

图 4-87

选择 ▮ 工具，左键框选或单击转移线：袖窿 2、前肩线 1、领口线和前肩线 2，单击右键表示选择结束，再单击新省线 1，单击右键表示选择结束。接着依次单击合并省道的起始边：省线 1；合并省道的结束边：省线 2；各线示意如图 4-88（b）所示，则左胸省转移到肩线 2 上，省道转移完成图如图 4-88（a）所示。

▱ 工具擦除前中心线，如图 4-88（b）所示。

选择 ▮ 工具，左键框选或单击转移线：袖窿 1、侧缝线 1、腰围线 1、腰围线 2，单击右键表示选择结束，再单击新省线 2，单击右键表示选择结束，接着依次单击合

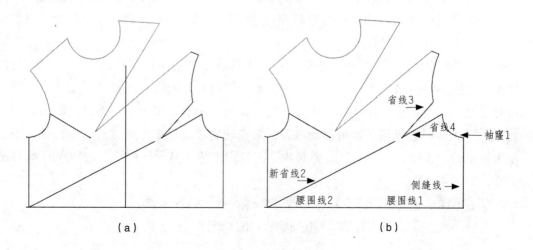

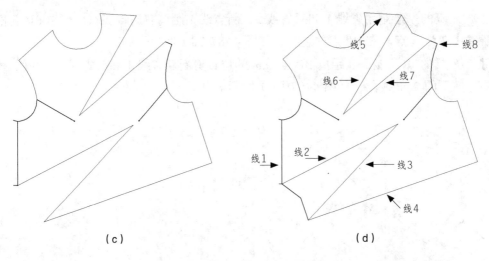

（c）　　　　　　　　　　　　　（d）

图4-88

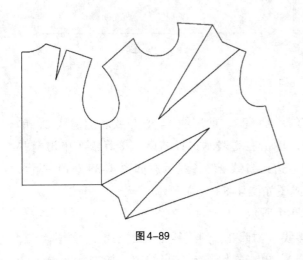

图4-89

并省道的起始边：省线 4；合并省道的结束边：省线 3，各线示意如图 4-88（b）所示；则右胸省转移到左腰上，如图 4-88（c）所示。

选择【加省山】工具 ，依次单击线 1、2、3、4；再依次单击线 5、6、7、8，则加上省山，分别给两个新省加上省山，见图 4-89（d）所示。

为了版面美观，用 工具，将前后片的轮廓线和省道设置为粗实线。用 工具擦除原胸省线，如图 4-89 所示。

用 工具左键框选整个前片，单击右键，则剪成前片纸样。同时，省线自动生成内部线条，用 工具，单击前片纸样领口中点和腰围线中点，则布纹线与此二点连线平行，如图 4-90（a）所示。

选择纸样设计工具栏中的"旋转衣片"工具 ，光标放在前片纸样上，单击右键，则前片按照纱向方向放置。单击纸样列表框中的后片，则后片纸样进入工作区，两片部分重叠，不便于观察，可移动前片。光标放在前片上，按一下空格键，则光标变成 状，单击，滑动光标，则可移动纸样，单击确定移动后纸样的位置，则光标自动切换为原来的"旋转衣片"工具。弹起快捷工具栏中的"显示结构线"按钮 ，只显示纸样，如图 4-90（b）所示。

双击纸样列表框中的前衣片，修改"纸样资料"的各参数。

最后，单击 ，再次保存，完成转省的纸样设计。

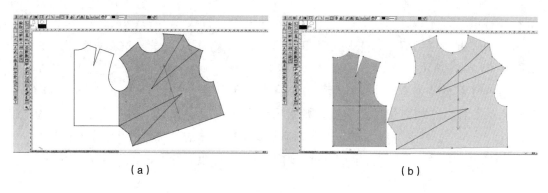

（a）　　　　　　　　　　　　（b）

图4-90

3. 多省设计

在服装设计中，为了丰富服装内部造型，常常会在一个部位设计多个省道，如图4-91所示，该款在肩部设计了三个省道，省道没有直接收到胸高点，距离胸高点约为5cm左右。

打开4.1节绘制的新文化式原型文件，调整原型的方法同前肩省设计，这里就不一一赘述，直接跳至调整后的原型图，如图4-82（b）所示。

点击菜单【文档】—【另存为】，将文件换名保存。

用 📐 工具4等分前肩线。用工具 ✏ 的 ∫ 功能直线连接BP点和三个等分点，完成3条新省线的绘制，如图4-92（a）所示。

用 ✏ 工具的 ✚ 功能，在距离BP点5cm的位置剪断新省线1、2、3，并用 🖌 工具擦除剪下的5cm线段，如图4-92（b）所示。

用 🔺 工具，左键框选或单击转移线：袖窿2和前肩线，单击右键表示选择结束，单击或框选新省线1、2、3（本例是多条省线），单击右键表示选择结束，接着依次单

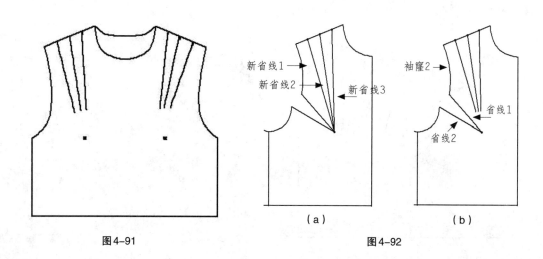

图4-91

图4-92

击合并省道的起始边：省线 1，合并省道的结束边：省线 2，各线示意如图 4-92（b）所示，则胸省转移到肩上，平均分为 3 个省道，用 🖊 工具，擦除多余的点和原省线，如图 4-93（a）所示。

　　用 🖊 工具的【加省山】功能给新省加省山。左键框选线 1、2、3、4，如图 4-93（b）所示，然后在线 2 的右边单击右键，则给第一个肩省加上省山；同样的方法，左键框选线 4、5、6、7，然后在线 5 的右边单击右键，则第二个肩省加上省山；左键框选线 7、8、9、10，然后在线 8 的右边单击右键，则第三个肩省加上省山，如图 4-93（c）所示。

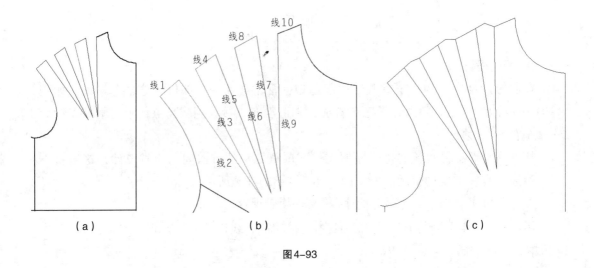

图 4-93

　　为了版面美观，用 工具，将前片的轮廓线和省道设置为粗实线，如图 4-94 所示。

　　用 工具左键框选整个前片，单击右键，则剪成前片纸样，同时，省线自动生成内部线条。选择【布纹线】工具 ，将布纹线调整至垂直方向，并修改"纸样资料"，如图 4-95 所示。

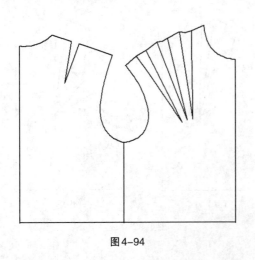

图 4-94

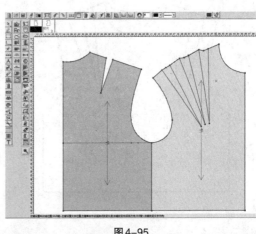

图 4-95

最后，单击🖫，再次保存，完成转省的纸样设计。

4.2.2 褶皱设计

服装中的褶皱分为自然褶和规律褶。自然褶具有随意、多变和活泼的特点，规律褶则表现出有秩序的动感。

1. 自然褶的设计

如图 4-96 所示的领口褶皱自然随意，属于自然褶，该褶皱可以隐藏胸省。

打开 4.1 节绘制的新文化式原型文件，调整原型的方法同前肩省设计，这里就不一一赘述，直接跳至调整后的原型图，如图 4-82（b）所示。

点击菜单【文档】—【另存为】，将文件换名保存。

用 🚗 工具 2 等分领口线。用 ✎ 工具的 ⌠ 功能直线连接 BP 点和领口的 2 等分点，完成新省线的绘制，如图 4-97 所示。

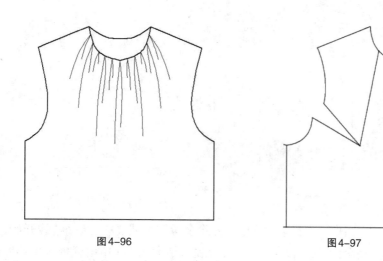

图4-96　　　　　　　　　　　　　　图4-97

选择 🗲 工具，将胸省转移到领口。如图 4-98（a）所示。用 ✎ 工具的 ⊢⊣ 功能，测量领口省大，并"记录"。

用 ✎ 工具的 ⌠ 功能重新绘制领口线，用 ➤ 工具，调整领口曲线至光滑为止，如图 4-98（b）所示。

用 ✎ 工具擦除原来的领口线、旧省线和新省线，如图 4-98（c）所示。

切换到 ✎ 工具，按住 Shift 键的同时，左键框选前片轮廓线，单击右键，切换到【移动】功能 ⁺🖐（可按 Shift 键在 ⁺🖐 和 ⁺ˣ² 之间切换），单击前片轮廓线上任意一点，滑动光标，可将前片向右移动，距离自定，单击确定位置。用 ✎ 工具重新绘制后片侧缝线，将衣身结构图调整为如图 4-99 所示。

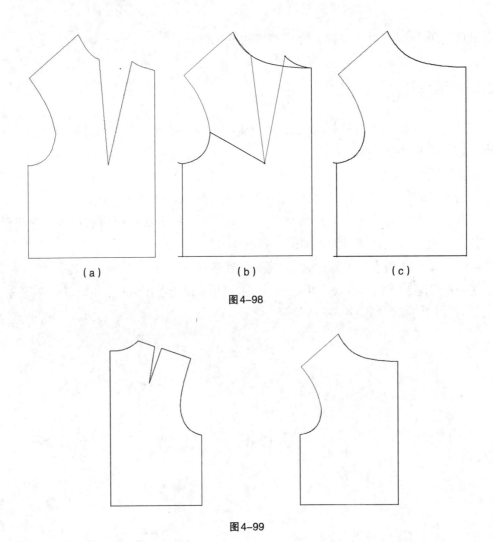

（a） （b） （c）

图4-98

图4-99

　　选择设计工具栏中的"分割、展开、去除余量"工具 ，从侧缝线开始，逐一单击参与操作的线：整个前片轮廓线，单击右键表示结束选择；单击或框选不伸缩的线段：腰围线。单击伸缩线（如有多条可框选）：领口线靠前中心段，单击右键表示结束选择；如果有分割线就单击或框选分割线，但本例无，直接在衣片靠近前中心的部分单击右键，表示结束分割线和固定位置的选择，这时弹出"单向展开或去除余量"对话框，在"平均伸缩量"后输入"2"（自己设计量），或在"总伸缩量"后输入"10"（自己设计量），"处理方式"选择"顺滑连接"，如图4-100（a）所示，单击"确定"，则完成前领口收褶展开，如图4-100（b）所示。

　　注意：分割线条数可自行设计，平均伸缩量和总伸缩量为负值时，表示伸缩线缩短，与本例变化相反。

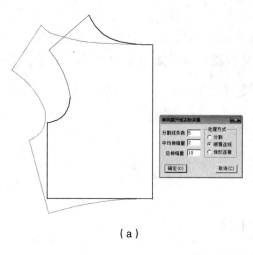
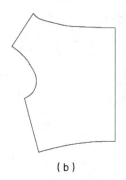

（a）

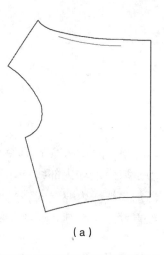

（b）

图4-100

用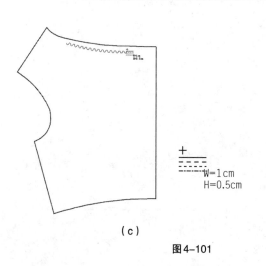工具，将前片的轮廓线设置为粗实线。用工具，在前领口下方绘制曲线，长度自定，如图4-101（a）所示。

选择工具，然后将快捷工具栏的"曲线显示形状"由————改为，如图4-101(b)所示，光标放在工作区，小键盘输入"1"，回车，小键盘输入"0.5"，回车，则波浪形状被设计为宽1cm，高0.5cm，单击领口边的曲线，可将其修改为如图4-101（d）所示的形状。

（a）

（b）

注意，选中工具后，当"曲线显示形状"设置为曲线时，光标会变成如图4-101（c）所示，其中的W表示一个曲线单元的宽度，H表示线的高度，可在选中工具后，线型设置为【曲线显示形状】后，直接小键盘输入W的参数，回车，再输入H的参数，回车，本例W为1cm，H为0.5cm，如图4-101（d）所示。

+
W=1cm
H=0.5cm

（c）

图4-101

选择设计工具栏中的"加文字"工具 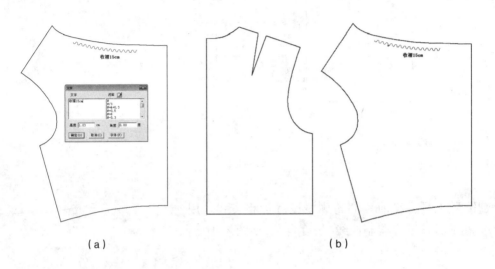 ，在领口波浪线的下方单击，弹出"文字"对话框，在对话框左边输入"收褶 16.3cm"（此尺寸为领口省的宽度与加褶总量之和），如图 4–102（a）所示，"确定"完成结构图绘制，如图 4–102（b）所示。文字也可用 工具擦除。

（a）   （b）

图 4–102

用 工具左键框选整个前片，单击右键，则剪成前片纸样，领口收褶曲线已经自动拾取为纸样内部线条，当光标切换为时 ，单击选中文字，再单击右键，则文字也添加为纸样内部元素，当然文字也可直接在纸样上添加。用 工具，将布纹线调整至垂直方向并修改"纸样资料"的参数，如图 4–103 所示。

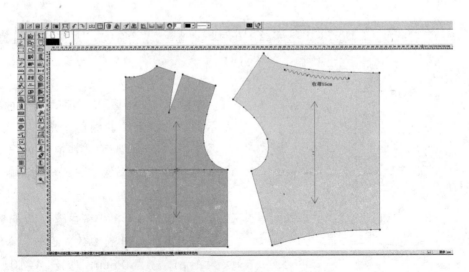

图 4–103

最后，单击，再次保存，完成褶皱的纸样设计。

2. 规律褶的设计

如图 4-104 所示的前胸竖褶，规律、平整，属于规律褶，其原型的胸省被转移到腋下，省距离 BP 点 3cm。

打开 4.1 节绘制的新文化式原型文件，调整原型的方法同前肩省设计，这里就不一一赘述，直接跳至调整后的原型图，如图 4-82（b）所示。

点击菜单【文档】—【另存为】，将文件换名保存。

用工具或工具，将前片移开，并重新绘制后片侧缝线，如图 4-105 所示。

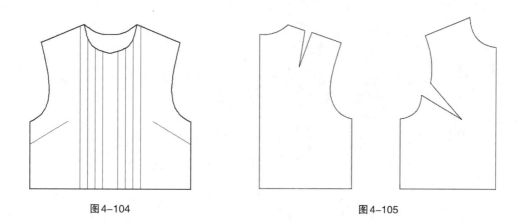

图 4-104   图 4-105

用工具的功能绘制新省线，省线距离腋下 6cm（自己设计），如图 4-106（a）所示。

用工具的功能，在距离 BP 点 3cm 的位置剪断新省线，并用工具擦除剪下的 3cm 线段，如图 4-106（b）所示。

用工具，将原型的袖窿省转移到腋下新省位置，如图 4-106（c）所示。

用工具擦除原省线。用工具，依次单击线 1、2、3、4，则腋下省的省山添加完成，腋下省缝合后需倒向袖窿，如图 4-106（d）所示。

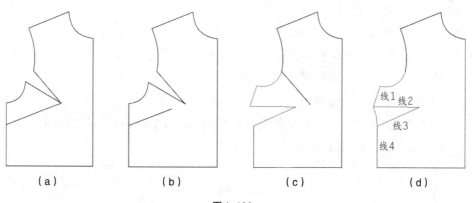

（a）   （b）   （c）   （d）

图 4-106

　　用╱工具的 ⌒ 功能绘制褶皱辅助线。左键向左拖拉前中心线，在空白处单击，弹出平行线对话框，在第一栏后输入"2"，表示第一条平行线与前中心线的距离为2cm，在第二栏后输入4，则表示一共要绘制4条平行线，在最后一栏输入"2"，表示4条平行线之间的距离是2cm，如图4-107（a）所示，"确定"完成。

　　用╱工具的靠边功能，将褶皱辅助线延长到前片的轮廓线上（领口线和肩线），如图4-107（c）所示。

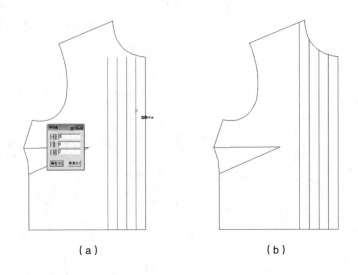

（a）　　　　　　　　　　　（b）

图4-107

　　选择设计工具栏的"褶展开"工具▨，框选操作线：整个前片，单击右键结束选择，靠近固定侧单击上段折线：肩线（A点发亮）；靠近固定侧单击下段折线：腰围线（B点发亮）。单击或框选展开线：最左边的辅助线（此线与肩线相连）；单击右键，弹出"结构线 刀褶／工字褶"对话框，在"上段褶展开量"后输入"2"（自己设计量），在"下段褶展开量"中输入"2"（自己设计量），勾选"上（下）段曲线连成整条"，如图4-108（a）图所示，单击"确定"完成，如图4-108（b）所示。

　　▨工具框选整个前片，单击右键结束选择，靠近固定侧单击上段折线：领口线（C点发亮），靠近固定侧单击下段折线：腰围线（D点发亮）。单击或框选展开线：剩下的3条辅助线（此3线与领口线相连），单击右键，弹出"结构线 刀褶／工字褶"对话框，在"上段褶展开量"后输入"2"（自己设计量），在"下段褶展开量"中输入"2"（自己设计量），勾选"上（下）段曲线连成整条"，如图4-108（a）图所示，单击"确定"完成，如图4-108（d）所示。

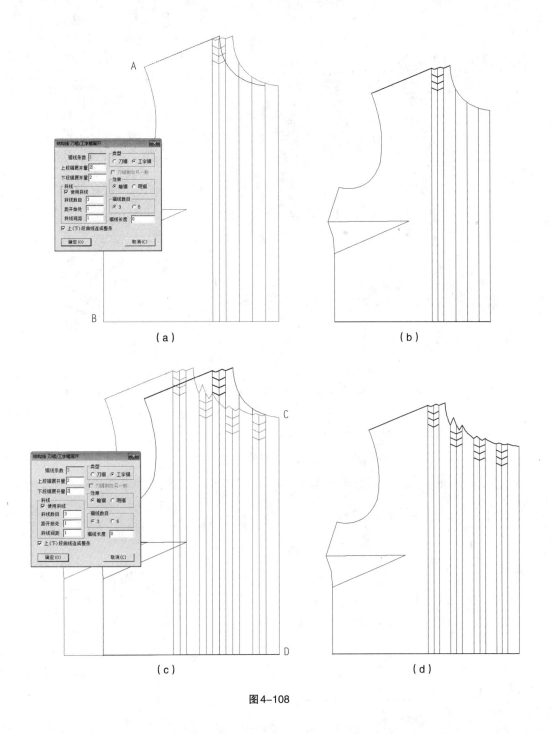

图4-108

用 工具将前片的轮廓线设置为粗实线，如图 4-109 所示。

用 工具左键框选整个前片，单击右键，则剪成前片纸样，用 工具，将布纹线调整至垂直方向，并修改"纸样资料"的参数如图 4-110 所示。

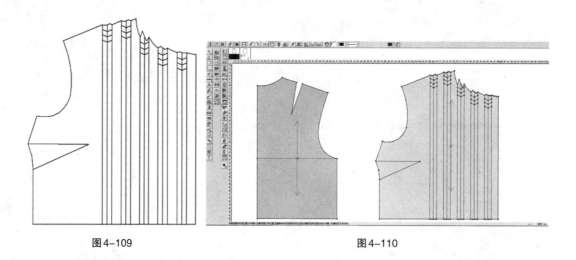

图 4-109 图 4-110

最后，单击 █，再次保存，完成褶皱的纸样设计。

4.2.3 分割设计

如图 4-111 所示的分割线可以很好地塑造女装胸腰的形态，该分割线可以隐藏胸省。

打开 4.1 节绘制的新文化式原型文件，调整原型的方法同前肩省设计，这里就不一一赘述，直接跳至调整后的原型图，如图 4-82（b）所示。

点击菜单【文档】—【另存为】，将文件换名保存。

用 ✎ 工具的 ⌐ 功能绘制新省线，新省线距离肩端 8cm，可用 ◣ 工具调整，如图 4-112 所示。

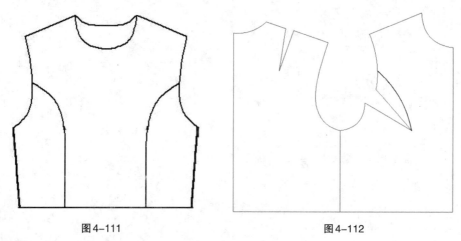

图 4-111 图 4-112

选择 ◣ 工具，单击或框选参与转移的线：袖窿 2，单击右键结束选择，单击新省线，单击右键结束选择；单击合并省道的起始边（会旋转的那条边）：省线 1，左手按住 Ctrl 键，单击省线 2，弹出"转省"对话框，选择"按比例"，在"按比例"后输入"80"，如图 4-113（a）所示，单击"确定"完成 80% 袖窿省的转移，如图 4-113（b）所示。

注意：此例为省道的部分转移，注意与前面的全省转移区分。

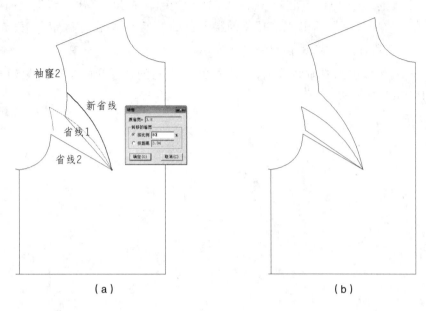

（a）　　　　　　　　　　　　　　（b）

图4-113

用 ✐ 工具的 ∫ 功能，根据原袖窿重新绘制袖窿3，如图4-114（a）所示。

用 ⌥ 工具检查袖窿是否圆顺。依次单击袖窿3、袖窿2，单击右键结束选择，依次单击省线3、省线4，则袖窿2沿省线3、4合并方向旋转，同时弹出"调整对话框"，如图4-114（b），可单击蓝色或绿色的袖窿线，调整至光滑为止，单击右键，完成袖窿调整，如图4-114（c）所示。

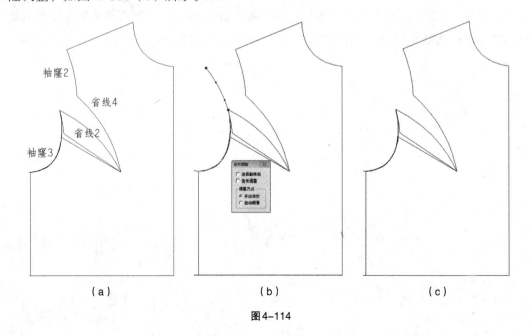

（a）　　　　　　　　　（b）　　　　　　　　　（c）

图4-114

用 ✎ 工具的 T 功能, 过 BP 点向下绘制垂线与腰围线交于 A 点, 如图 4-115(a)所示。

用 ⚬⚬ 工具的 ⁺⚬⚬ 功能, 单击 A 点, 水平滑动光标, 单击, 弹出"线上反向等分点"对话框, 在"单向长度"后输入"1"(前腰省量的一半), 单击"确定", 完成腰部省道的定位: B 点和 C 点, 如图 4-115 (b) 所示。

用 ✎ 工具的 ∫ 功能, 在垂线段上, 从距离 BP 点 3cm 的位置开始绘制省线 5 和省线 6, 如图 4-115 (c) 所示。

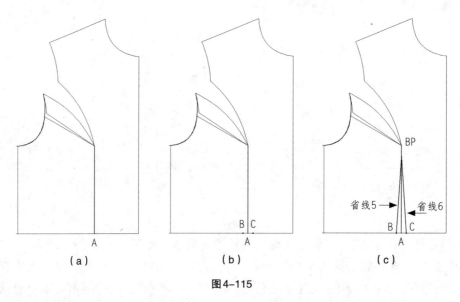

图 4-115

用橡皮擦擦除多余线段, 用 ✎ 工具的 ⁺✕ 和连角功能, 修剪掉 BC 段, 如图 4-116(a)所示。

用 ✁ 工具检查腰部收省后是否圆顺。依次单击腰线 1、腰线 2, 单击右键, 再依次单击省线 5、省线 6, 弹出"合并调整"对话框, 如图 4-116 (b) 所示, 单击绿色或蓝色的腰线进行调整, 直至腰线光滑为止, 单击右键结束腰线调整, 如图 4-116 (c) 所示。

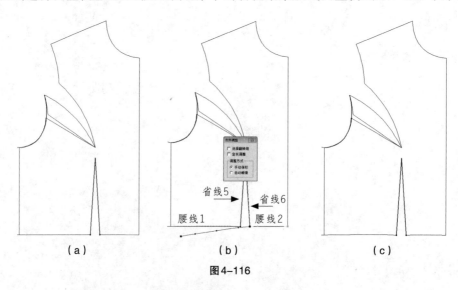

图 4-116

用![icon]工具，检查腰围线2关于前中心线对称时是否流畅，如果否，可直接调整，如图4-117（a）所示，直至流畅为止，单击右键结束调整，如图4-117（b）所示。

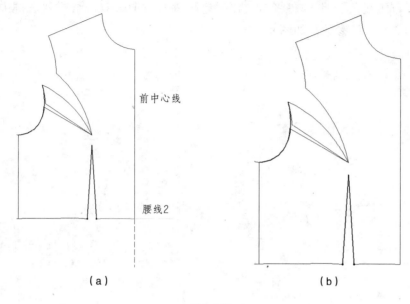

（a）　　　　　　　　　　　　（b）

图4-117

用![icon]工具的![icon]功能，沿省线4和省线6绘制分割线1，如图4-118（a）所示。同样的方法，沿省线3和省线5绘制分割线2，如图4-118（b）所示。可用![icon]工具，调整分割线1和分割线2，使线条流畅。

用![icon]工具，将前片的轮廓线设置为粗实线，如图4-118（c）所示。

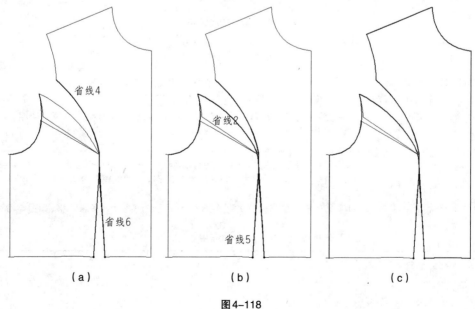

（a）　　　　　　　　　　（b）　　　　　　　　　　（c）

图4-118

用![剪刀]工具左键框选前侧片，单击右键，则剪成前侧片纸样，右键切换到![剪刀]工具，依次单击前中片的轮廓线，单击右键，则剪成前中片纸样，如图4-119（a）所示。

选择"布纹线"工具![布纹线]，将布纹线调整至垂直方向。双击纸样列表框中的衣片，修改"纸样资料"的参数，如图4-119（b）所示。

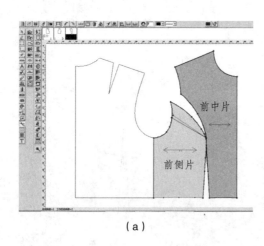
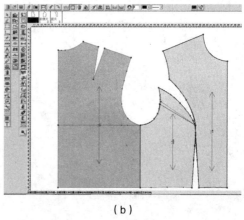

（a）　　　　　　　　　　　　　　　（b）

图4-119

最后，单击![保存]，再次保存，完成分割线的纸样设计。

4.2.4 本节主要工具介绍

表4-4　本节主要工具

设计工具栏		
图标或菜单	名称	主要功能和使用方法
![加省山图标]	加省山	功能：给省道上加省山。适用在结构线上操作。"智能笔"也有此功能。 用法：如图4-83（e）、（f）的应用。
		功能：用于将结构线上的省作转移。可同心转省，也可以不同心转，可全部转移也可以部分转移，也可以等分转省。"智能笔"也有此功能。 用法： 1）全省转移：单省转移如图4-83（b）、（c）的应用，多省转移，如图4-93的应用。 2）部分转移：如图4-113的应用。

（续表）

设 计 工 具 栏		
图标或菜单	**名称**	**主要功能和使用方法**
 ![图标] 转省		3）等分转省： 　　首先腰围线需要在 B 点断开。框选或单击参与操作的线条：袖窿 2、侧缝线、AB 线段（可多选，可框选整个前片），单击新省线，单击右键结束选择，单击省线 1，小键盘输入：5（自己设计等分数），单击省线 2，则袖窿省被平均转为 5 个省道，如图 4-120（a）、（b）所示。 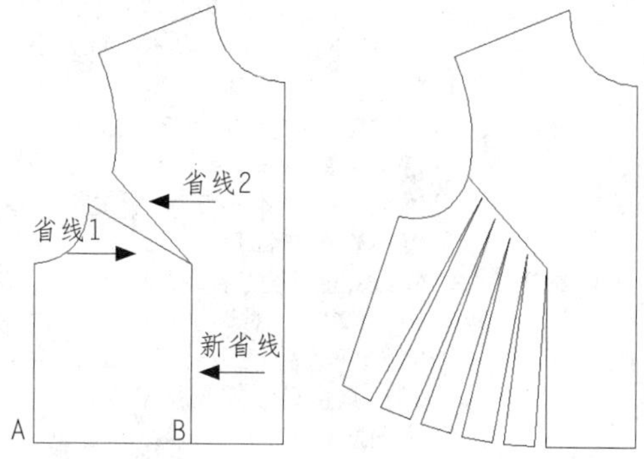 图 4-120 4）不同圆心转省的差别： 　　如图 4-121（a）所示，框选整个衣片参与操作，单击新省线，单击右键结束选择。同圆心转省操作为：依次单击省线 1 和省线 2，完成省道转移如图 4-121（b）所示，省道以原省的省尖 BP 点为圆心转移；不同圆心转省操作为：单击 C 点，再依次单击省线 1、2，完成省道转移如图 4-121（c）所示。 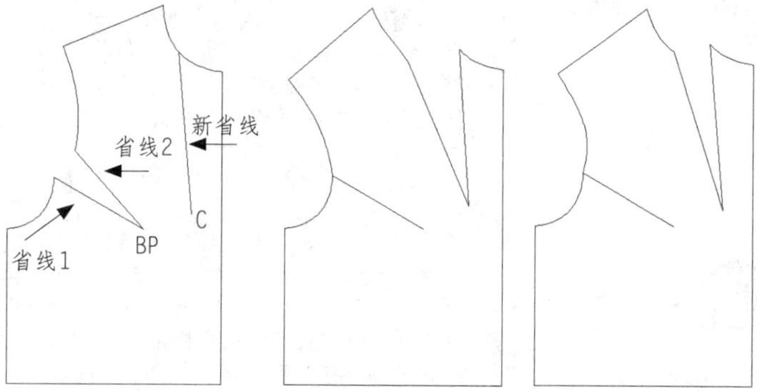 图 4-121
![褶展开图标]	褶展开	功能：可将结构线展开，同时加入褶的标识及褶底的修正量。只适用于在结构线上操作。 用法：如图 4-108 的应用。

（续表）

设 计 工 具 栏		
图标或菜单	**名称**	**主要功能和使用方法**
	分割、展开、去除	功能：对结构线进行修改，可对一组线展开或去除余量。常用于对领、荷叶边、大摆裙等的处理。在纸样、结构线上均可操作。 用法：如图4-100的应用。
	余量	
	加文字	功能：用于在结构图上或纸样上加文字、移动文字、修改或删除文字，且各个码上的文字可以不一样。 用法： 1）加文字：如图4-102的应用；按住鼠标左键拖动，可根据所画线的方向确定文字的角度。 2）移动文字：用该工具在文字上单击，文字被选中，滑动光标移至适当的位置再次单击即可。 3）修改或删除文字：光标放在需修改的文字上，当文字变亮后单击右键，弹出"文字"对话框，修改或删除后，单击确定即可；或把光标放在文字上，字发亮后，敲Enter键，弹出"文字"对话框，修改或删除后，单击确定即可；✐也可以直接删除文字。 4）不同号型上加不一样的文字（针对纸样）：用该工具在纸样上单击，在弹出的"文字"对话框输入"抽褶6CM"；单击"各码不同"按钮，在弹出的"各码不同"对话框中，把L码的文字改成"抽褶8CM"；点击"确定"，返回"文字"对话框，再次"确定"即可。

纸 样 工 具 栏		
图标或菜单	**名称**	**主要功能和使用方法**
	旋转衣片	功能：就是用于旋转纸样，只针对纸样操作。 用法： 1）如果布纹线是水平或垂直的，用该工具在纸样上单击右键，纸样按顺时针90度的旋转。如果布纹线不是水平或垂直，用该工具在纸样上单击右键，纸样旋转在布纹线水平或垂直方向，如图4-91的应用。 2）用该工具单击两点，移动鼠标，纸样这两点在水平或垂直方向上旋转。 3）按住Ctrl键，在纸样单击两点，滑动光标，纸样可随意旋转。 4）按住Ctrl键，在纸样上击右键，可按指定角度旋转纸样。
	移动纸样	功能：将纸样从一个位置移至另一个位置，或将两个纸样按照一点对应重合。 应用： 1）移动纸样：用该工具在纸样上单击，拖动鼠标至适当的位置，再单击即可。 2）将两个纸样按照一点对应重合：用该工具，单击纸样上的一点，拖动鼠标到另一个纸样的点上，当该点处于选中状态时再次单击即可。 3）在选中任意工具时，把光标放在纸样上，"按一下"空格键，即可变成移动纸样光标，拖动到适当的位置后再次单击即可。也可单击右键菜单，选择该工具。

4.2.5 小结

本节主要介绍了如何应用富怡服装设计与放码系统进行省道、褶皱和分割线的净样设计，需要读者注意掌握以下知识点：

1. 省道、褶皱和分割设计的一般流程

调整原型结构图—根据款式设计省道、褶皱或分割线—剪取纸样—调整纱向—修改纸样资料—保存

2. 重点掌握 ![]、![]、![]、![] 和 ![]工具的功能和使用方法。

练习题

请设计下列款式的前片净样。

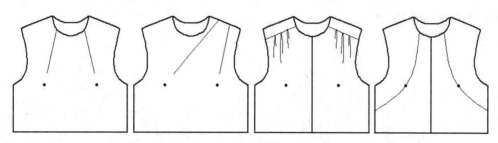

图4-122　省道、褶皱和分割设计

4.3 女式衬衣纸样设计和排料设计

4.3.1 女式衬衣款式特点分析

女衬衣根据其胸围宽松程度可以分为合体风格女衬衣、基础型风格女衬衣和宽松风格女衬衣几类。合体女衬衣常采用省道、褶皱、分割的结构处理方式，宽松女衬衣常采用胸部浮余量下放的结构处理方法，而基础型女衬衣是多种处理方式兼而有之。

女衬衣一般采用单层无里工艺设计，所以缝份一般为1cm，下摆折边一般为2.5cm。

如图4-123所示的这款女式衬衣为基本型风格衬衣，小尖领，一片袖，装袖克夫和简易袖衩，前片收胸省和腰省，后片收肩省

图4-123

和腰省，装五粒扣子。在这款基础型女衬衣的基础上，结合4.2节所介绍的省道转移、褶皱设计和分割设计的方法，配合领子和袖子等零部件的变化，就可以变化出不同款式的女式衬衣。

根据这款女衬衣的款式风格和我国服装号型标准，设计其基码为160/84A，其各部位规格和纸样放缩的档差如表4-5所示。

表4-5　女衬衣规格表

号型	后衣长	袖长	胸围	领围	肩宽	领宽	袖克夫宽	袖克夫长
160/84A	58cm	53.5cm	94cm	38cm	39cm	7cm	4cm	22cm
档差	2cm	1.5cm	4cm	1cm	1 cm	0cm	0cm	0.8cm

　　女式衬衣的结构如图 4-124 所示。本款是在新文化式原型的基础上进行制图。原型的后肩省只留下 1.5cm，剩下的 0.3cm 作为后肩吃势；原型胸省留下 0.8cm 作为袖窿松量，剩下的收为胸省。

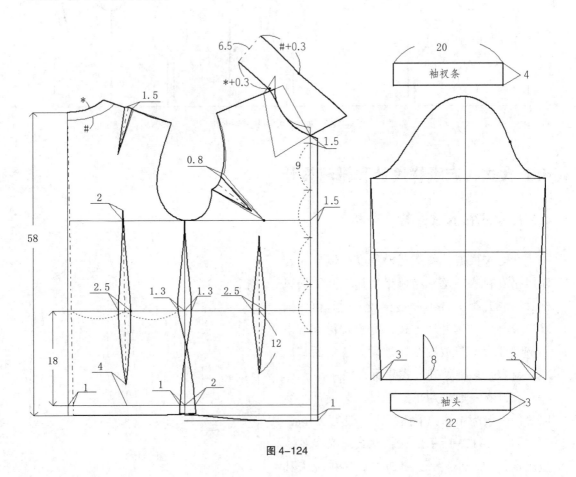

图 4-124

4.3.2 女衬衣纸样设计

1. 结构图设计

打开 4.1 节绘制的新文化式原型文件，删除所有纸样和结构图中的辅助线，如图 4-125 所示。

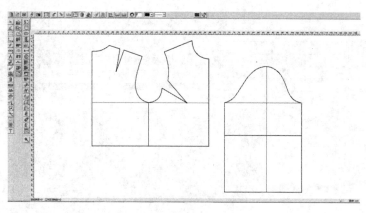

图4-125

点击菜单【文档】—【另存为】，将文件换名保存。

点击菜单栏中【号型】—【号型编辑】命令，弹出"设置号型规格表"对话框，可单击右边的"编辑词典"图标，如图4-126（a）所示，保存号型名和部位名称，便于以后制图时调入，如果进行 CAD 项目参赛，可在测试软件环节提前输入，达到节约时间的目的。

图4-126（b）所示的是输入号型名的窗口，图4-126（c）是输入部位名称的窗口，"保存"、"确定"后回到设置"号型规格表"窗口。

调入在【编辑词典】里输入的各号型和部位，并输入 160/84A 的各部位规格；单击 160/84A 中的颜色条，修改各码颜色，特别是要将最小码 150/76A 和最大码 175/92A 的纸样颜色区分开。

160/84A 项前为小圆点，表示该号为制图时的基码，即母板，可通过"指定基码"图标修改。单击 160/84A 下的胸围尺寸，然后在"cm"前的空白栏里输入胸围档差"4"，单击"组内档差"，则系统自动计算其余各号型的胸围尺寸，同样的方法，根据表4-3女衬衣规格表中的各部位档差，完成其他部位的尺寸输入，如图4-126（e）所示。

可单击"存储"，将该号型规格表存储为"女衬衣规格表"，就可在以后绘制类似款式时用"打开"调入，省去重复输入号型、规格的时间，最后"确定"完成号型规格设计，进入工作区。

用 工具的 功能，以腰围线为基础，向下绘制臀围线，与腰围线相距 18cm，向下绘制后下摆线，与腰围线相距 20cm，以前中心线为基础，向右绘制前止口线，与前中心线相距 1.5cm，如图4-127（a）所示。

用 工具的连角和靠边功能，连接各线如图4-127（b）所示。

用 工具的 功能绘制衬衣的后中心线，单击 A 点，然后单击臀围线靠左端，弹出"点的位置"对话框，在"长度"后输入"1"，"确定"，单击右键完成衬衣后中心线，如图4-128（a）所示。

用 工具的靠边功能，调整各线至如图4-128（b）所示。

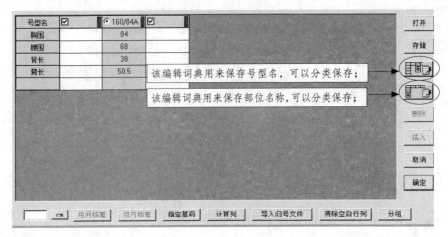

（a）

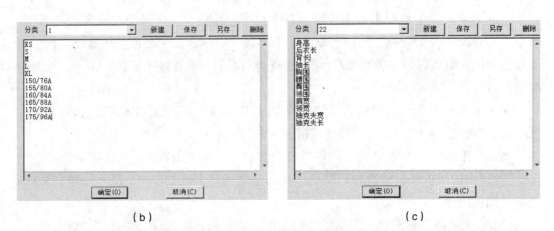

（d）

图 4-126

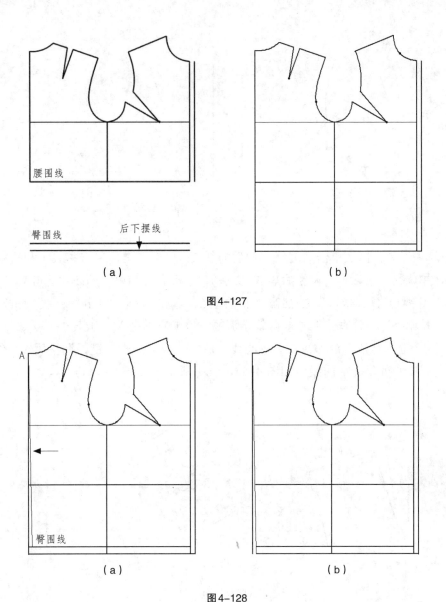

图4-127

图4-128

选择⬙工具，单击省线1，再单击省尖点和省线1的另一端点，向右滑动光标，在空白处单击，弹出"旋转"对话框，在"宽度"后输入"1.5"（本款衬衣的实际肩省大小，剩下的0.3作为肩部吃势）。同样的方法单击省线3，再单击BP点和省线3的另一端点，向右滑动光标，在空白处单击，弹出"旋转"对话框，在"宽度"后输入"0.8"（原型胸省为3.8cm，做衬衣不需要全部收掉，留0.8cm作为前袖窿松量），如图4-129（a）所示。

用⟋工具的⤴功能重新绘制后肩线2和前袖窿1，如图4-129（b）所示。

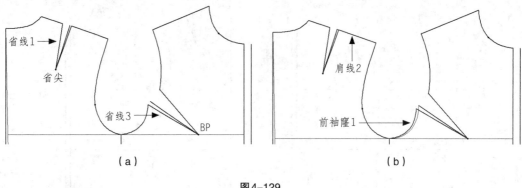

图4-129

　　选择 工具，依次单击后肩线1和后肩线2，单击右键，单击省线1和新省线2，弹出"合并调整"对话框，调整后肩线至流畅，单击右键结束，如图4-130（a）所示。

　　继续用 工具，依次单击袖窿1和袖窿2，单击右键，单击新省线5和省线4，弹出"合并调整"对话框，调整袖窿线至流畅，单击右键结束，如图4-130（b）所示。

　　选择 工具，依次单击衬衣后中心线，后领口线，单击右键，调整后领口线，使领口线在后中心处呈光滑曲线，如图4-130（c）所示。

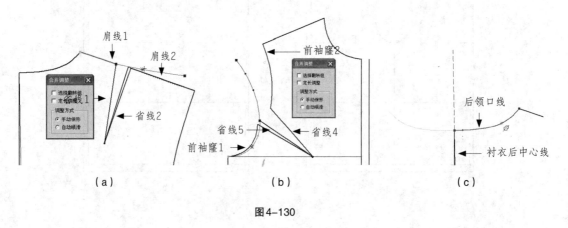

图4-130

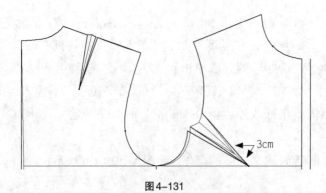

图4-131

用 工具的"加省山"功能，给调整后的后肩省和前袖窿省加省山。用 工具的 功能绘制重新袖窿省的两条省线、省中线，新省尖距离BP点3cm，如图4-131所示。

用 ∥ 工具单击 O 点, 光标指向 B 点 (腰围线和侧缝的交点), 按回车键弹出"移动量"对话框, 在 工具 后输入 "–1.3", "确定", 光标再指向 C 点 (臀围线和侧缝的交点), 按回车键弹出 "移动量" 对话框, 在 工具 后输入 "2", 如图 4–132 (a) 所示, "确定", 单击右键, 绘制成后侧缝线。

用 工具 工具调整后侧缝线至流畅为止, 用 ∥ 工具的靠边功能, 连接后下摆线与后侧缝线, 如图 4–132 (b) 所示。

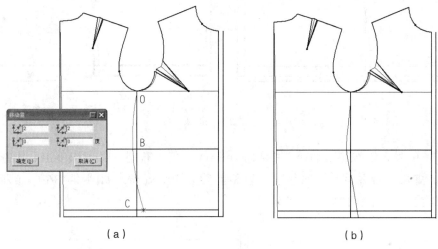

（a）　　　　　　　　　　　（b）

图4–132

同样的方法绘制前侧缝线, ∥ 工具单击 O 点, 光标指向 B 点, 按回车键弹出"移动量"对话框, 在 工具 后输入 "1.3", "确定", 光标再指向 C 点, 按回车键弹出 "移动量" 对话框, 在 工具 后输入 "–1", 如图 4–133 (a) 所示, "确定", 单击右键, 绘制成后侧缝线。

用 工具 工具调整前侧缝线至流畅为止, 用 ∥ 工具的靠边功能, 延长前侧缝线到后下摆线, 如图 4–133 (b) 所示。

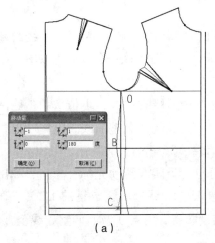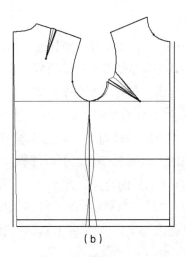

（a）　　　　　　　　　　　（b）

图4–133

用 ✐ 工具的 ⌒ 功能，以后下摆线的基准，向下绘制前衣长线，与后下摆线相距 1cm。用 ✐ 工具的靠边功能，延长前止口线和前中心线至前衣长线，如图 4–134（a）所示。

用 ✐ 工具的 ∫ 功能，过 D 点绘制前衣摆线，衣摆线部分与前衣长线相交，止于 E 点。用智能笔的连角和删除功能，修剪后下摆线，删除前衣长线，如图 4–134（b）所示。

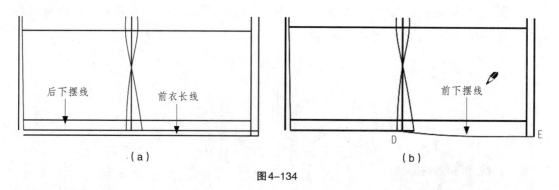

图4-134

用 ✄ 工具，依次单击后下摆线和前下摆线，单击右键，再依次单击后侧缝线和前侧缝线，弹出"合并调整"对话框，调整前后下摆至流畅，如图 4–136（a）所示，单击右键结束，如图 4–135（b）所示。

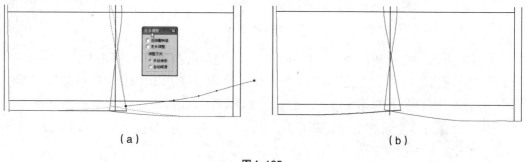

图4-135

用 ⇔ 工具 2 等分后腰围线。用 ✐ 工具的 ⌒ 功能，以衬衣后中心线为基准，向右绘制其平行线，当平行线刚好落在后腰围等分点上时（该点会发亮），如图 4–136（a）所示，单击，绘制成后腰省中线。

用 ✐ 工具的双向靠边功能修剪线条，先框选后腰省中线，再依次单击胸围线和臀围线，则平行线超过此二线部分被修剪。用 ✐ 工具的"调整曲线长度"功能，将后腰省中线的上段延长 2cm，下段缩短 4cm，如图 4–136（b）所示。

用 ⇔ 工具的 ⁺⇔ 功能，单击后腰线等分点，沿腰线滑动光标，单击，弹出"线上反向等分点"对话框，在"单向长度"后输入"1.25"（后腰省量的 1/2），"确定"完成后腰省大小定位。用 ✐ 工具的 ∫ 功能，绘制腰省，用 ➤ 工具，调整省线至合适为止，如图 4–136（c）所示。

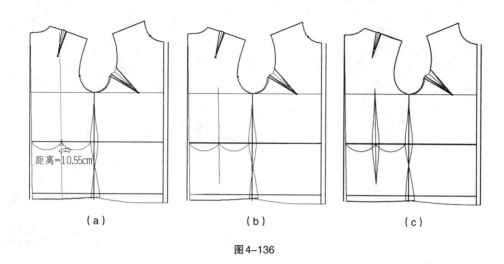

图4-136

　　用✏工具的Ｔ功能，光标指向 BP 点，按回车键弹出【移动量】对话框，在✎后输入 "－1"，"确定"，向下绘制垂线交于腰围线，如图 4-137（a）所示。

　　用✏工具的"调整曲线长度"功能将该垂线段的下段延长 12cm，上段缩短 3cm，如图 4-137（b）所示。

　　参考后腰省的画法，用🚗工具、✏工具和➤工具，绘制前腰省，前腰省的 1/2 为 1.25cm，如图 4-137（c）所示。

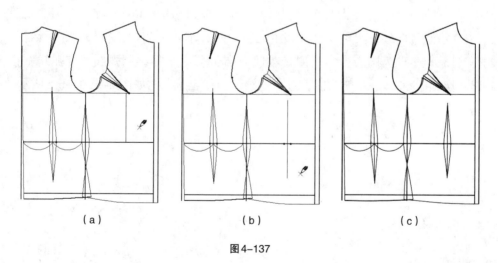

图4-137

　　用✏工具的⌒功能绘制衬衣领口线，新领口距离原型领口 1.5cm，如图 4-138（a）所示，用✏工具的连角功能连接衬衣领口线与前止口线，如图 4-138（b）所示。

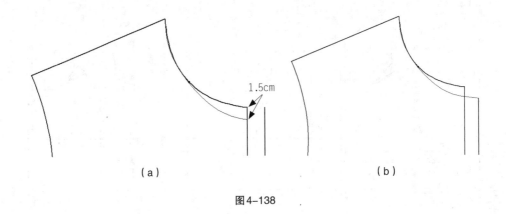

（a）　　　　　　　　　　　　　　（b）

图4-138

　　用✐工具的✐功能,过 F 点向上绘制垂线,垂线段 FG 长 2.5cm,用✐工具的"圆规"功能,单击 F 点,拖移至前肩线释放,弹出"单圆规"对话框,在"长度"后输入"4","确定"完成,线段 GH 长 4cm。

　　用✐工具的"三角板"功能,按住 shift 键,单击 H 点拖移到 F 点,光标切换为✐,过 H 点向右绘制 4cm 线段,线段 HI 长 4cm。利用✐工具的✐功能,连接 I 点和 J 点。

　　用✐工具的✐功能,根据款式绘制翻领造型线,用△工具,以线段 IJ 为对称轴,复制对称翻领造型线,H1 为 H 点的对称点,如图 4-139（a）所示。

　　选择设计工具栏的"CR 圆弧"工具⌒,单击圆心点:H1 点,小键盘输入半径"4.5",按回车键,滑动光标,在空白处单击,弹出"弧长"对话框,单击"确定"绘制弧线 1。用✐工具,测量前领口尺寸（弧线段 FJ 的尺寸）,不要关闭"比较长度"对话框,选择⌒工具,以 J 点为圆心,以"测量数据 -0.5cm"为半径绘制弧线 2 与弧线 1 相交,按 F 键切换到✐工具,用✐功能,过交点绘制弧线至 J 点,如图 4-139（b）所示。

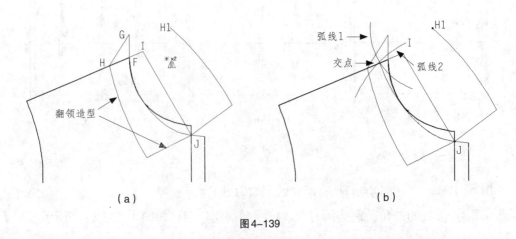

（a）　　　　　　　　　　　　　　（b）

图4-139

　　用✐工具的✐功能,测量 F 点和 H 点的距离并"记录",如图 4-139（a）所示。用✐工具的✐功能绘制弧线 3,F1 点和 H2 点距离即为 F 点和 H 点的距离,A 点和 K

点的距离为：4-2.5=1.5cm，用 ![]工具，调整弧线 3 至流畅为止，如图 4-140（a）所示。用 ![]工具，测量弧线 3 的长度，不要关闭"比较长度"对话框，选择 ![]工具，以 H1 点为圆心，以"弧线 3 的长度 +0.3cm"为半径画弧线 4，再用 ![]工具，测量后领口长度，以弧线 1 和弧线 2 的交点为圆心，以"后领口长度 +0.3cm"为半径画弧线 5，如图 4-140（b）所示。

选择设计工具栏里的"点到圆或两圆之间的切线"工具 ![]，分别单击弧线 4 和弧线 5，绘制两弧线的公切线，如图 4-140（b）所示。

按 E 键切换到 ![]工具，擦掉弧线 4 和 5。按 F 键切换到 ![]工具，用其"调整曲线长度"功能，调整公切线的右端，使其调整后的长度为：4+2.5=6.5cm，如图 4-140（c）所示。

用 ![]工具的 ![]功能绘制领上口和下口弧线，如图 4-140（c）所示。用 ![]工具，以公切线为对称轴检查和调整领子，保证领子展开后领上口和下口弧线流畅，如图 4-140（c）所示。

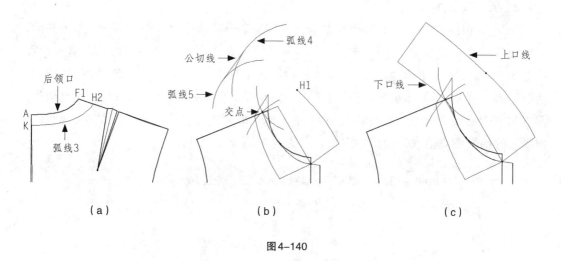

图4-140

用 ![]工具的 ![]功能绘制衬衣袖子的前后袖缝，袖口距离原型袖口 3cm，如图 4-141（a）所示。

用 ![]工具 2 等分后袖口大小。用 ![]工具的 ![]功能过等分点向上绘制袖衩，袖衩长 8cm，如图 4-141（a）所示。

用 ![]工具的"矩形"功能分别绘制袖头（长 22cm，宽 4cm）和袖衩条（长 20cm，宽 4cm），如图 4-141（b）所示。

至此，女衬衣结构图完成，为了版面更好看，利用 ![]工具，将各线型设置为如图 4-142 所示。

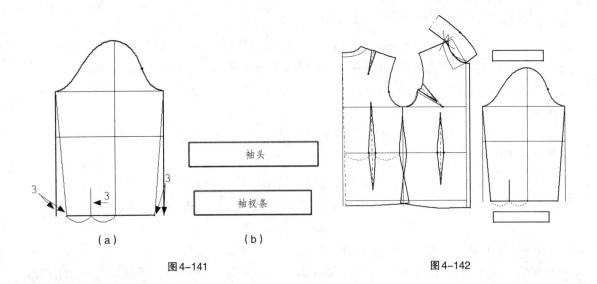

袖头

袖衩条

（a）　　　　　　　　　（b）

图4-141　　　　　　　　　　　图4-142

2.净样板设计

按 W 键切换到✂工具，光标变为🖱，依次单击或框选后衣片的轮廓线，单击右键，则剪成后衣片，光标变为🖱，该光标表示可以拾取衣片内部的线条，如单击肩省线和腰省线，单击右键结束选择，则这些线条被拾取为纸样内线，完成后片纸样剪取。"剪刀"功能🖱和"拾取内线"功能🖱可通过单击右键切换。用✂工具剪取前衣片，注意胸省、腰省和前中心线要拾取为纸样内线。用✂工具剪取领子、袖子、袖衩和袖头，袖子结构图上的袖衩线要拾取为袖子的内线。各衣片如图 4-143 所示。

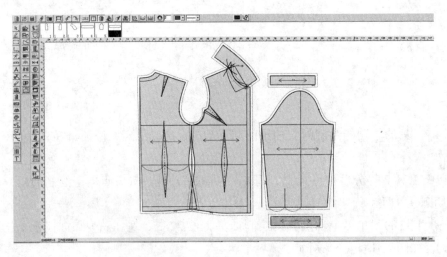

图4-143

选择🖱工具，单击领子的后中心线，则领子的布纹线与后中心线平行，同样的方法使后衣片的纱向与衬衣后中心线平行，袖子和前衣片的纱向垂直，袖衩和袖头纱向不变。弹起快捷工具栏里的"显示结构图"按钮![icon]，只显示纸样。选择![icon]工具，分别单击后片和领子，使其按照纱向垂直方向放置。按右键切换到"移动纸样"工具![icon]，单击后衣片和领子，重新放置衣片，避免其重叠，如图4-144所示。

　　选择纸样工具栏里的"选择纸样控制点"工具![icon]，右键单击如图4-144所示的各点，使其变为放码点或非放码点。

　　注意：

　　① 纸样上的点分为放码点和非放码点，放码点为方形，非放码点为圆型，放码点表示放码时该点必须放码，否则该点坐标不会变化。系统默认的放码点一般为线段的端点。

　　② 显示放码点或非放码点，可在菜单栏里的【选项】–【系统设置】–【开关设置】–勾选【显示非放码点】（也可用快捷键 Ctrl+k）和【显示放码点】（Ctrl+f）实现，放码时，需要显示各点，输出打印时则可关闭显示，打印图会更美观。

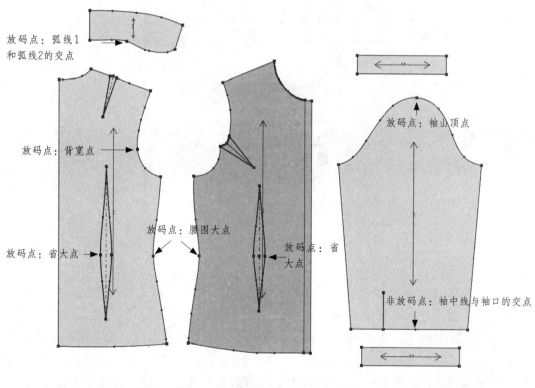

图4-144

　　双击纸样，弹出"纸样资料"，修改各个衣片的"纸样名称"，"布料名"统一为面料，各衣片"份数"：后衣片为1，前衣片、袖子、领子和袖衩条为2，袖头为4，至此女衬衣净板设计完成。

3. 放码设计

富怡服装设计与放码系统的放码步骤与要点如下：

1）自定放码坐标原点

放码时需要先自定放码的坐标原点，坐标原点在衣片内外皆可，操作时坐标原点不需要标记出来，但是一旦某个衣片的坐标原点确定，各点的放码档差设计都要以该点为坐标原点。

2）用纸样工具栏里的"选择纸样控制点"工具 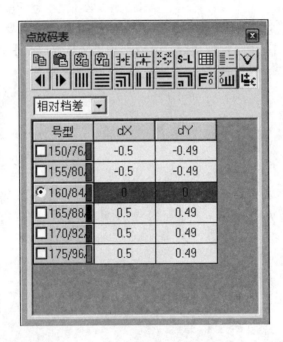、快捷工具栏里的"点放码表"以及放码工具栏的各工具配合进行放码操作。其中放码的大部分操作在点放码里完成的，点放码表如图4-145所示，各主要图标功能如下所述。

图4-145

① "号型"下是号型名称，号型名称前面为□表示非基码号型，框内打√为显示，不打√为隐藏。号型名称前面为○表示为基码，圈内有点表示基码为显示状态，圈内无点基码为隐藏状态。本系统一般输入比基码小一个号的档差值，如果没有比基码小的号，则输入比之大一个号的档差值。

② "dx"：表示放码点水平方向的位移数值，左移为负值，右移为正值；"dy"：表示放码点垂直方向的位移数值，下移为负值，上移为正值。

③ 🖺 "复制"放码量，用于复制已放码的点（可以是一个点或一组点）的放码值。用 🖺 工具单击或框选已经放过码的点，"点放码表"中立即显示其放码值；单击 🖺，这些放码值即被临时储存起来（用于粘贴）。

④ 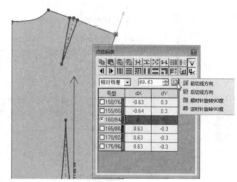 "粘贴XY"放码量：将X和Y两方向上的放码值粘贴在指定的放码点上，操作方法同"复制"放码量。在完成"复制"放码量命令后，单击或框选要放码的点；单击 ，即可粘贴X和Y方向的放码量； "粘贴X"放码量，表示只粘贴复制的X方向的值； "粘贴Y"放码量，表示只粘贴复制Y方向的值。

⑤ "X取反"，使某点的放码值由+X转换为–X，或由–X转换为+X； "Y取反"，使某点的放码值由+Y转换为–Y，或由–Y转换为+Y； "XY取反"，使某点放码值的X和Y同时取相反的数值。

⑥ "角度放码"，可在放码中随意定义工作区内的坐标轴。箭头方向被定义为坐标轴的正方向，短的一边为X方向，长的一边这Y方向，如图4-146所示。

⑦ "X相等"，使选中的放码点在X方向（即水平方向）上均等放码，选中放码点，输入放码档差，单击 即可； "Y相等"，使选中的放码点在Y方向（即垂直方向）上均等放码； "X、Y相等"，使选中的放码点在X和Y(即水平和垂直方向)两方向上均等放码。

图4-146

⑧ "X不等距"，使选中的放码点在X方向（即水平方向）上各码的放码量不等距放码，单击某放码点，激活文本框，在dX栏里，针对不同号型，输入不同的档差，单击 即可； "Y不等距"，使选中的放码点在Y方向（即垂直方向）上各码的放码量不等放码； "X、Y不等距放码"，使所有输入到点放码表的放码值无论相等与否都能进行放码。

⑨ "X为零"，使选中的放码点在水平方向（即X方向）上的放码值变为零； "Y为零"，使选中的放码点在垂直方向（即Y方向）上的放码值变为零；

⑩ "自动判断放码量正负"，按下 时，不论放码量输入是正数还是负数，用了放码命令后计算机都会自动判断出正负。

⑪ 相对档差 图标，用于控制放码量的显示，可以根据自己的需要选择相对档差和绝对档差。

注意，为了更好地区分各个号型的图形，可以设置各个号型纸样轮廓线的颜色，除了可在号型菜单下设置，还可用快捷工具栏里的"颜色设置"工具 进行设置，该工具可对"纸样列表框"、"工作视窗"和"号型"的颜色进行设置。

本例女衬衣各部位放码档差如图4-147所示。

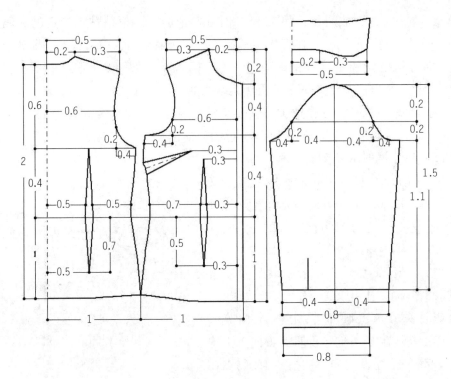

图4-147

本例，假设前、后片放码的坐标原点都是中心线和胸围线的交点，袖子的放码原点是袖中线和袖宽线的交点，领子的放码原点是领子与侧颈点缝合的点。

按下快捷工具栏里的"仅显示一个纸样"工具 ![图标]，再单击纸样列表框中的后衣片，则工作区只显示该纸样，如果弹起 ![图标] 按钮，则可同时显示多纸样。

先只显示后衣片。选择"点放码表"工具 ![图标]，弹出"点放码表"对话框，再选择"选择纸样控制点"工具 ![图标]，按下 ![图标] 图标，左键框选 A、B 两点，在 155/80A 后的"dY"一栏输入档差".6"（系统识别为 -0.6），再点击"Y 相等"按钮 ![图标]，则系统会自动给框选的各点加上等量放码量。按键盘 ESC 键，取消放码点的选择，也可在空白处单击。接着框选 B 点，在 155/80A 后的"dX"一栏输入档差".2"，再点击"X 相等"按钮 ![图标]，则系统会自动给 B 点的其他号型加上放码量，如果系统未能识别为 -0.2，则单击"X 取反" ![图标]，如图 4-148 所示。

选择放码工具栏里的"肩斜线放码"工具 ![图标]，左键分别单击 A 点和 H 点，AH 线段变为蓝色，滑动光标至 C1 点，单击，弹出"肩斜线放码"对话框，勾选"档差"，在 155/80A 的"高度"一栏输入"-0.3"，选择"与前放码点平行"（以顺时针方向定前后，即与 B 点平行），如图 4-149（a）所示，单击"均码"、"确定"完成肩省 C1 点的放码，如图 4-149（b）所示。

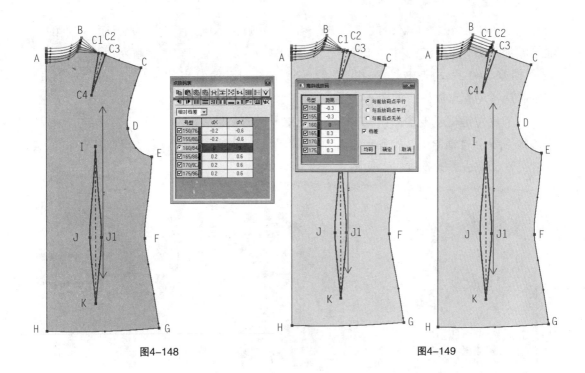

图4-148　　　　　　　　　　　　　　　　　　图4-149

选择　工具，单击 C1 点，单击　"复制"放码量，再左键框选 C1、C2 和 C3 点，单击　"粘贴 XY"放码量，则 C1 点的放码量复制给 C2 和 C3 点，按 ESC 键，取消前面各放码点的选择，再框选 C4，单击　"粘贴 X"图标，则 C4 点的 X 档差与 C1 一致，在 155/80A 后的 dY 一栏输入".4"，单击　"Y 相等"，则肩省放码完成，如图 4-150 所示。

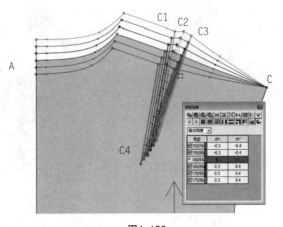

图4-150

选择　工具，分别单击 A 点和 H 点，AH 线段变为蓝色，滑动光标至 C 点，单击，弹出"肩斜线放码"对话框，勾选"档差"，在 155/80A 的"高度"一栏输入"-0.5"，选择"与前放码点平行"，单击"均码"、"确定"完成后衣片肩点放码，如图 4-152 所示。

选择　工具，左键框选 E、F、G 点，在 155/80A 后 dX 一栏输入档差"-1"，再点击"X 相等"　，则系统会自动给框选的各点加上放码量。在空白处单击，取消点的选择。接着左键框选 F 点，在 155/80A 后 dY 一栏输入档差"0.4"，再点击"Y 相等"　，则系统会自动给 E 点的其他号型加上放码量。　工具左键框选 H、G 点，在 155/80A 后的 dY 一栏输入档差"1.4"，再点击"Y 相等"按钮▤，则系统会自动给 H、G 点的其他号型加上放码量。▨工具左键框选 D 点，在 155/80A 后 dX 一栏输入档差"-0.6"，dY 的档差"-0.2"，再点击"XY 相等"▱，则系统会自动给 D 点的其他号型加上放码量，完成后片各轮廓点放码，如图 4-152（a）所示。

　　▨工具左键框选 I 点，在 155/80A 后 dX 一栏输入档差"-0.5"，再点击"X 相等"▥，则系统会自动给 I 点的其他号型加上放码量。同样的方法设置 J 点、J′点和 K 点的放码量，完成后腰省放码，如图 4-152 和表 4-6 所示。

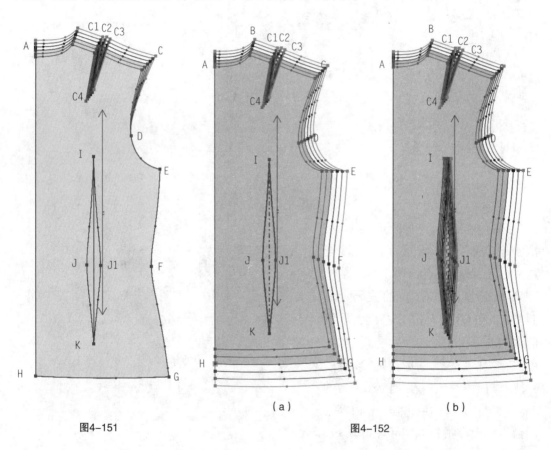

图4-151　　　　　　　　　　　（a）　　　　（b）　图4-152

表4-6　后衣片的155/80A各点dX、dY输入数值

后腰省各点代码	dX	dY
J、J1	-0.5	0.4
K	-0.5	1.1

　　用▨和▨工具给前片、袖子、袖克夫和领子放码，用▨工具给前片 C 点放码，各点标识如图 4-153（a）所示，放码档差如表 4-7 所示。

　　注意，F4 键可以显示或者隐藏其他号型。女衬衣放码结果如图 4-153（b）所示。

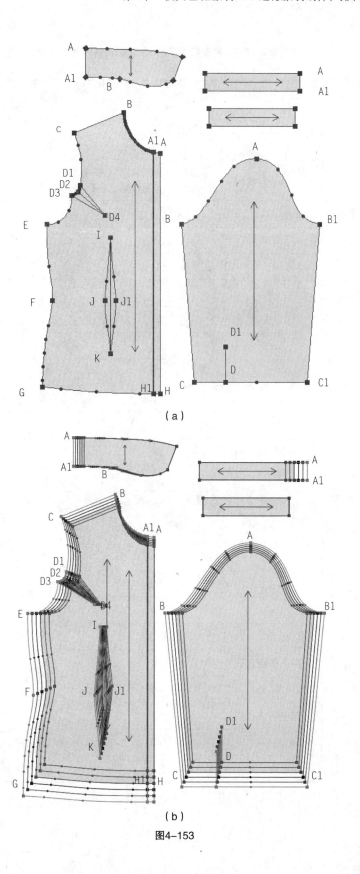

（a）

（b）

图4-153

表4-7　前片、袖子、袖头和领子的155/80A各点dX、dY输入数值

前片各点代码	dX	dY
A、A1	0	−0.4
B	0.2	−0.6
C（肩斜线放码）	AH为底边；勾选"档差"；"高度"为 −0.5；"与后放码点平行"；"均码"	
D1、D2、D3	0.6	−0.2
D4	0.3	0
E	1	0
F	1	0.4
G	1	1.4
H	0	1.4
I	0.3	0
J、J1	0.3	0.4
K	0.3	1.1
袖子各点代码	dX	dY
A	0	−0.4
B	0.8	0
B1	−0.8	0
C	0.5	1.1
C1	−0.5	1.1
D	−0.25	1.1
D1	−0.25	1.1
袖头各点代码	dX	dY
A、A1	−1	0
领子各点代码	dX	dY
A、A1	0.5	0
B、	0.3	0

在实际生产中，如果遇到承接批量量体制作，各个服装号型之间的档差不相等，如果采用点放码的方式就需要在每个号型后输入 dX、dY 的档差，并按 ▥▤▥ 按钮（表示"X 不等距"、"Y 不等距"、"XY 不等距"）进行放码。

放码完成后，可按 F4 隐藏其余各码纸样，只显示基码纸样。按 F7 键显示缝头。如果只进行净板放码，可选择纸样设计工具栏的"加缝份"工具 ▣，单击任意纸样的轮廓线上的任一放码点，弹出"衣片缝份"对话框，在"缝份量"后输入"0"，选择"款式中所有纸样"，则所有纸样为净板。

选择纸样设计工具栏的"剪口"工具 ▣，用该工具单击后衣片的 A 点，如图 4–152 所示，则给该点加上剪口，然后在剪口上单击，会拖出现一条线，拖至与衬衣后中心线重合，单击即可。用同样的方法，如图 4–154 所示，给依次给后片的 C1 点、C2 点、C3 点、F 点和 G 点加上剪口，给前片的 A 点、A1 点、D1 点、D2 点、D3 点、F 点、G 点、H1 和 H 点加上剪口，给领子的 A 点、A1 点和 B 点加上剪口，给袖子的 D 点加上剪口，用 ▣ 工具调整剪口的方向，使剪口方向与手工打板方向一致。剪口可用 ✏ 工具擦除。

选择纸样设计工具栏的"袖对刀"工具 ▣，靠近前袖窿 E 点段单击袖窿 1，靠近袖窿 C1 点段单击袖窿 2，单击右键结束前袖窿选择，靠近袖山 B1 段单击前袖山，单击右键结束前袖山选择，靠近后袖窿 F 点段单击袖窿 3，靠近后袖窿 D 点段单击袖窿 4，单击右键结束后袖窿选择，单击后袖山靠 B 点段，单击右键结束后袖山选择，则弹出"袖对刀"对话框，在 160/84A 后的"前袖窿"一栏下输入"6"，单击"各码相等"，再在其"后袖窿"一栏下输入"6"，单击"各码相等"，单击"确定"，则袖子和袖窿前后、袖山顶点的对刀剪口完成，如图 4–154 所示。

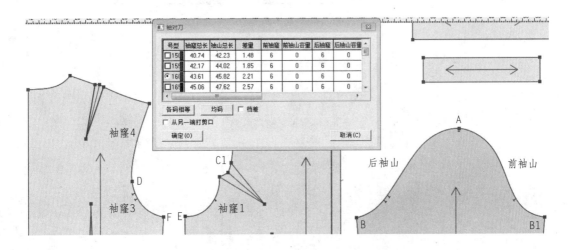

图4-154

选择纸样设计工具栏的"眼位" ⊩⊣，单击前中心线，则弹出"线上扣眼"对话框，将"个数"修改为"5"，去掉"等分线段"前的勾，在"间距"后输入"9"，观察扣眼角度，是否如图 4–155（a）所示的状态，如果不是，则调整"角度"后的度数，单击"各码不同"，弹出"各号型"对话框，勾选"档差"，在 155/80A 后的"间距"一栏下输入"－0.2"，单击"均码"，单击"确定"，返回"线上扣眼"对话框，单击"确定"，则门襟扣眼定位与放码完成，如图 4–155（b）所示。

继续用 ⊩⊣ 工具单击袖头的 A 点，弹出"加扣眼"对话框，在"起始点偏移"下的一栏后输入"–1.5"，在 ↗ 一栏后输入"–2"，"角度"后输入"180"，如图 4–155（b）所示。

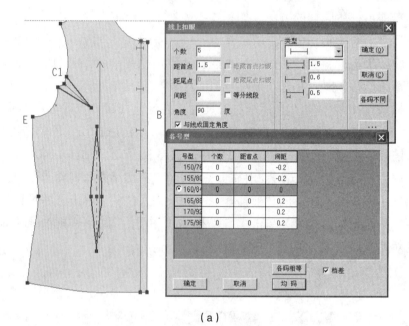

（a）

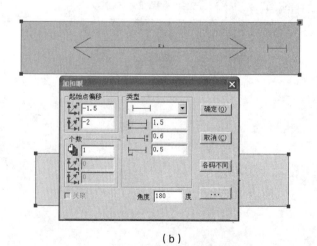

（b）

图4-155

至此，女衬衣的净板放码完成，如图 4-156 所示。

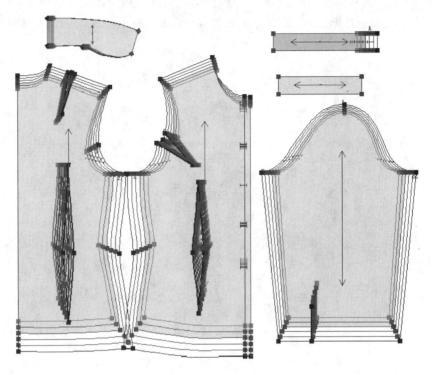

图4-156

4. 毛板设计

按 F4 键隐藏其余号型，按 F7 键显示缝份，选择纸样设计工具栏里的"加缝份"工具 ，左键单击任意衣片的任何一个轮廓点，弹出"衣片缝份"的对话框，在"缝份量"后输入"1"，选择"款式中所有的纸样"，则所有衣片放缝 1cm，如图 4-157 所示。

因为服装不同部位的工艺处理方式不同，所以各个部位的缝份大小、边角处理方式都不同，需要对缝份做进一步调整。

用 工具，左键框选或单击后肩线，单击右键，弹出"加缝份"对话框，单击"起点"后的 ，点击"确定"完成。本软件中，起点和终点的认定是按照顺时针方向。左键框选后下摆，单击右键，弹出"加缝份"对话框，"起点缝份量"改为"2.5"，单击"起点"后的 ，点击"确定"完成。

工具，左键框选前肩线，单击右键，弹出"加缝份"对话框，单击"终点"后的 ，点击"确定"完成。

用 工具在与前止口线相距 6cm 的位置，向上绘制垂线与领口线相交，如图 4-158（a）所示。

进入菜单栏里的【选项】—【系统设置】—【界面设置】—【工具栏配置】，选择"对称复制纸样局部"工具 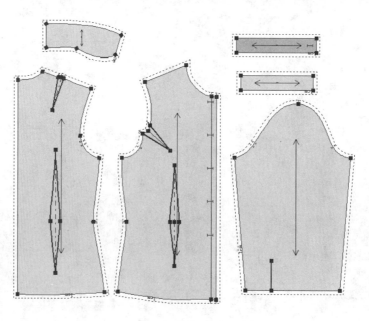 ,单击"添加",该工具进入右键工具栏,连续"确定"后退出。

单击右键,调出 工具,单击对称轴:前止口线,再单击图4-158(a)所绘制的辅助线,则对称出前片贴边,用橡皮擦工具擦除绘制的6cm辅助线,如图4-158(b)所示。

图4-157

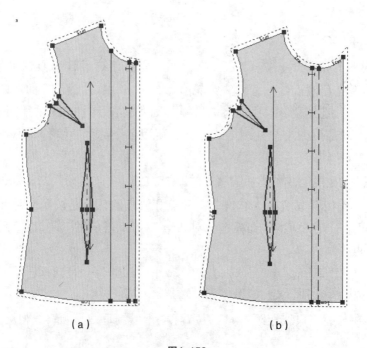

（a）　　　　　　　　　　　　（b）

图4-158

用 ▱ 工具左键框选前贴边线，单击右键，弹出"加缝份"对话框，"起点缝份量"改为"0"。左键框选前下摆，单击右键，弹出"加缝份"对话框，"起点缝份量"改为"2.5"，单击"起点"后的 ▨，单击"终点"后的 ▨，点击"确定"完成。

用 ▱ 工具，将领子和袖克夫缝份量都改为"1.5"，袖衩缝头修改为"0"。

至此，女衬衣面料毛板设计完成，如图4-159所示。

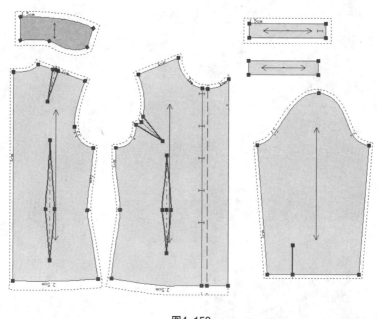

图4-159

选择纸样设计工具栏里的"做衬"工具 ▮，单击领子纸样内部，弹出"衬"的对话框，在"缝份减少"一栏后输入"0.5"，勾选"保留缝份"，"纸样名称"修改为"领衬"，单击"确定"，则生成领衬纸样，该纸样与领子纸样重叠，可用 ✋ 工具移开。

用 ▮ 工具单击袖头纸样内部，弹出"衬"的对话框，在"缝份减少"一栏后输入"0.5"，勾选"保留缝份"，"纸样名称"修改为"袖头衬"，单击"确定"，则生成袖头衬纸样。

用 ▮ 单击前片纸样的贴边线，弹出"衬"的对话框，在"折边距离"一栏后输入"12"，"缝份减少"一栏后输入"0"，勾选"保留缝份"，"纸样名称"修改为"贴边衬"，单击"确定"，则生成贴边衬纸样。

修改各衬纸样的"面料类型"为"衬"，如图4-160所示。

选择纸样设计工具栏里的"纸样对称"工具 ▮，单击后衣片的后中心线，则后片对称展开，单击领子和领衬的后中心线，则领子和领衬对称展开，如图4-161所示。

至此，女衬衣纸样设计完成。

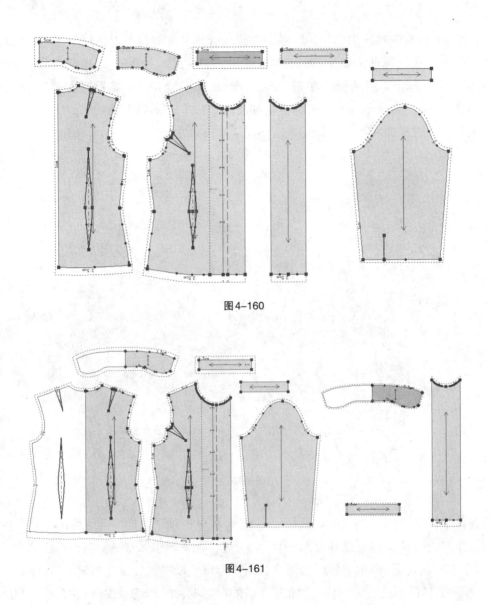

图 4-160

图 4-161

4.3.3 女衬衣排料设计

左键双击富怡服装排版系统图标![图标]，点击菜单"唛架"→"单位选择"命令，弹出"量度单位"对话框，设置长度单位为厘米，如图 4-162 所示，点击"确定"完成。

单击【文档】—【新建】命令，则弹出"唛架设定"对话框，设定唛架宽度和长度，唛架宽度可以设置为面料幅宽，长度可以预先多设置一些，如图 4-163 所示。

点击"确定"，则弹出"选取款式"对话框，点击"载入"，则根据女衬衣纸样的存储路径打开纸样文件，则弹出"纸样制单"对话框，可以设置面料的缩水率、裁片的参数、各个号型排料的套数，设置偶数纸样是否要求对称等等，勾选"设置布料种类"，

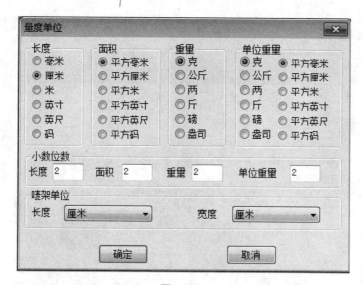

图4-162

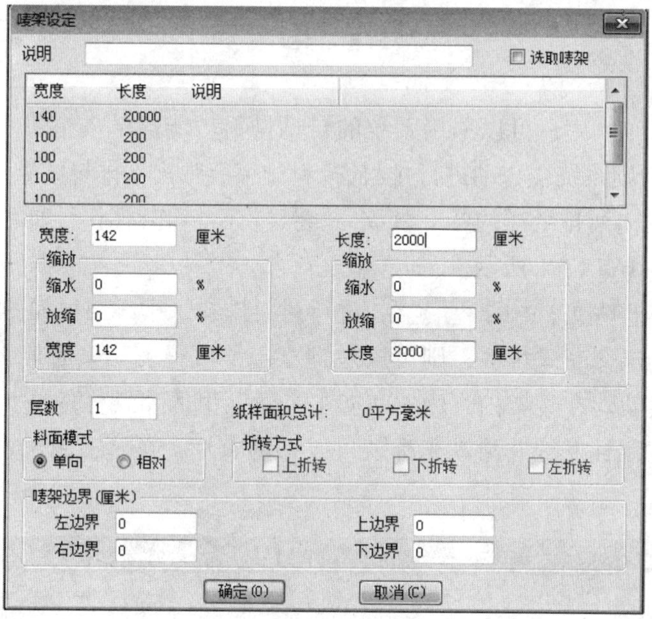

图4-163

如图4-164所示，点击"确定"完成，则又进入"选取款式"对话框，可以选择多个纸样文件套排，点击"确定"完成。

进入排料系统界面后，则"纸样窗"和"尺码表"里出现选中的纸样及其基本资料，如果【纸样窗】未显示，可在工具条空白处单击右键，弹出菜单，勾选"纸样窗"，同时去掉自定义工具栏1、2、3、4、5前的勾。

本例中有面料和朴（粘合衬）两种材料，先进行面料排料，选择"布料工具匣"中的面料。

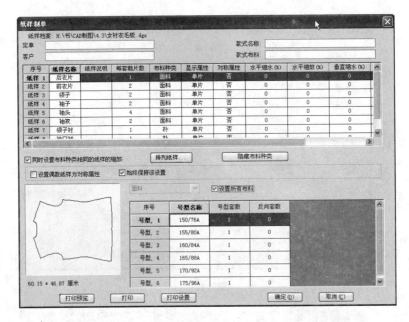

图4-164

为了提高工作效率，可以采用系统的自动排料功能。单击菜单【排料】—【开始自动排料】命令,则系统会自动进行排料,排料结束会弹出【排料结果】对话框。在【排料结果】里,会列出所排纸样的各个参数,并会显示面料的利用率,如图4-165（a）所示,排料结果如图4-165（b）所示。

选择【布料工具匣】中的 衬 ，进行衬料排料，排料结果如图4-166所示。

如果采用人机交互式排料，则可以左键双击"尺码表"里的某个号型，则该衣片自动进入排料唛架。在唛架内，用"唛架工具匣"里的"纸样选择"工具 左键单击衣片，同时按住鼠标左键并滑动光标就可以移动衣片，在合适的位置松开左键确定衣

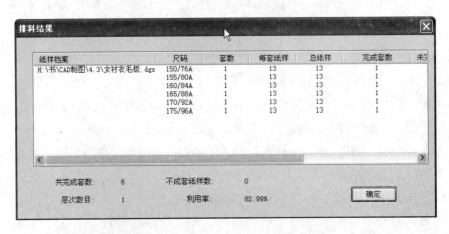

（a）

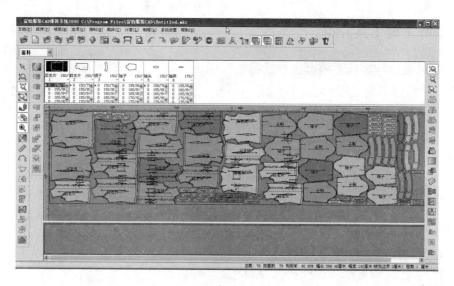

（b）

图4-165

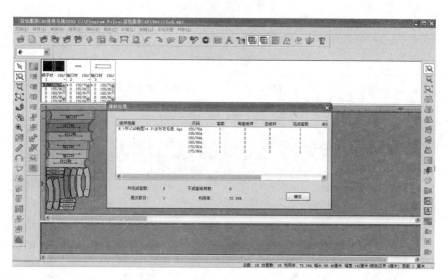

图4-166

片的位置。移动衣片位置也可以按小键盘上的↑、↓、←、→方向键，则纸样会自动向唛架的最上边、下边、左边和右边移动，如果碰到别的纸样，会自动与其按照方向紧靠。用 工具在排料唛架里指向某个纸样，单击右键，可以翻转衣片。根据"齐边平靠，斜边颠倒，凹凸互套，弯弧相交，大片定局，小件填空，经短在省，纬满在巧"的排料原则，依次排列各片，使用率至少达到80%以上。如果需要将唛架上所有衣片都放回纸样窗，则点击【唛架】—【清除唛架】。排料结果可以直接看窗口右下角状态栏的提示，也可以单击【排料】—【排料结果】命令，查看排料结果。

　　排料完成后直接点击【文档】—【保存】命令即可。

4.3.4 本节主要工具介绍

1. 服装设计与放码系统键盘快捷键的作用

F2：切换影子与纸样边线

F3：显示 / 隐藏两放码点间的长度

F4：显示所有号型 / 仅显示基码

F5：切换缝份线与纸样边线

F7：显示 / 隐藏缝份线

F9：匹配整段线 / 分段线

F10：显示 / 隐藏绘图纸张宽度

F11：匹配一个码 / 所有码

F12：工作区所有纸样放回纸样窗

2. 服装设计与放码系统主要工具功能与使用方法

表4-8　本节设计与放码系统主要工具

设计工具栏		
图标	名称	主要功能和使用方法
	三点弧线	功能：过三点可画一段圆弧线或画三点圆。适用于画结构线、纸样辅助线。 应用： 1) 按 Shift 键在三点圆与三点圆弧之间切换； 2) 切换成后，分别单击三个点即可作出一个三点圆； 3) 切换成后，分别单击三个点即可作出一段弧线。
	CR 圆弧	功能：画圆弧、画圆。适用于画结构线、纸样辅助线。 应用： 1) 按 Shift 键在 CR 圆与 CR 圆弧间切换； 2) 光标为时，在任意一点单击定圆心，拖动鼠标再单击，弹出"半径"对话框；输入圆的适当的半径，单击"确定"即可，半径输入法也可参考图4-140。
	椭圆	功能：在草图或纸样上画椭圆。 应用： 1) 用该工具在工作区单击拖动再单击，弹出"椭圆"对话框； 2) 输入恰当的数值，单击"确定"即可。
	点到圆或两圆之间的切线	功能：作点到圆或两圆之间的切线。可在结构线上操作也可以在纸样的辅助线上操作。 应用：参考图4-141 1) 单击点或圆； 2) 单击另一个圆，即可作出点到圆或两个圆之间的切线。

（续表）

纸样设计工具栏		
图标	**名称**	**主要功能和使用方法**
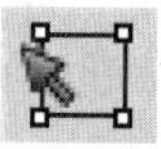	选择纸样控制点	功能：用来选中纸样、选中纸样上边线点、选中辅助线上的点、修改点的属性。 应用： 1) 选中纸样：用该工具在纸样单击即可，如果要同时选中多个纸样，只要框选各纸样的一个放码点即可； 2) 选中纸样边上的点： 　① 选单个放码点，用该工具在放码点上用左键单击或用左键框选； 　② 选多个放码点，用该工具在放码点上框选或按住Ctrl键在放码点上一个一个单击； 　③ 选单个非放码点，用该工具在点上用左键单击； 　④ 选多个非放码点，按住Ctrl键在非放码点上一个一个单击； 　⑤ 按住Ctrl键时第一次在点上单击为选中，再次单击为取消选中； 　⑥ 同时取消选中点，按ESC键或用该工具在空白处单击。 3) 辅助线上的放码点与边线上的放码点重合时： 　① 用该工具在重合点上单击，选中的为边线点； 　② 在重合点上框选，边线放码点与辅助线放码点全部选中； 　③ 按住Shift键，在重合位置单击或框选，选中的是辅助线放码点。 4) 修改点的属性： 　① 在需要修改在点上双击，会弹出"点属性"对话框，修改之后单击采用即可。 　② 如果选中的是多个点，按回车即可弹出对话框。 　③ 用该工具在点上击右键，则该点在放码点与非放码点间切换； 　④ 如果只在转折点与曲线点之间切换，可用Shift+右键。
	加缝份	功能：用于给纸样加缝份或修改缝份量及切角。 应用： 1) 纸样所有边加（修改）相同缝份：用该工具在任一纸样的边线点单击，在弹出"衣片缝份"的对话框中输入缝份量，选择适当的选项，确定即可； 2) 多段边线上加（修改）相同缝份量：用该工具同时框选或单独框选加相同缝份的线段，击右键弹出"加缝份"对话框，输入缝份量，选择适当的切角，确定即可； 3) 先定缝份量，再单击纸样边线修改（加）缝份量：选中加缝份工具后，敲数字键后按回车，再用鼠标在纸样边线上单击，缝份量即被更改。 4) 单击边线：用加缝份工具在纸样边线上单击，在弹出的"加缝份"对话框中输入缝份量，确定即可。 5) 拖选边线点加（修改）缝份量：用加缝份工具在1点上按住鼠标左键拖至3点上松手，在弹出的"加缝份"对话框中输入缝份量，确定即可。 6) 修改单个角的缝份切角：用该工具在需要修改的点上击右键，会弹出"拐角缝份类型"对话框，选择恰当的切角，确定即可。 7) 修改两边线等长的切角：选中该工具的状态下按Shift键，光标变为后，分别在靠近切角的两边上单击即可。
	做衬	功能：用于在纸样上做衬、贴边、挂面、里料的纸样。 应用： 1) 做贴边、挂面或其衬的纸样：用该工具框选纸样边线后击右键，在弹出的"衬"对话框中输入合适的数据，即可，如图4-160所示。 2) 给整个纸样上加衬、里料：用该工具单击纸样，纸样边线变色，并弹出的对话框，输入数值确定即可，如图4-160所示。

纸样设计工具栏		
图标	**名称**	**主要功能和使用方法**
	剪口	功能：在纸样边线上加剪口、拐角处加剪口以及辅助线指向边线的位置加剪口，调整剪口的方向，对剪口放码、修改剪口的定位尺寸及属性。 应用： 1) 在控制点上加剪口：用该工具在控制上单击即可。 2) 在一条线上加剪口：用该工具单击或框选线，弹出"剪口"对话框，选择适当的选项，输入合适的数值，点击"确定"即可。 3) 在多条线上同时等距加等剪口：用该工具在需加剪口的线上框选后再击右键，弹出"剪口"对话框，选择适当的选项，输入合适的数值，点击"确定"即可。 4) 在两点间等份加剪口：用该工具拖选两个点，弹出"比例剪口、等分剪口"对话框，选择等分剪口，输入等份数目，确定即可在选中线段上平均加上剪口。 5) 拐角剪口： ① 用 Shift 键把光标切换为拐角光标，单击纸样上的拐角点，在弹出的对话框中输入正常缝份量，确定后缝份不等于正常缝份量的拐角处都统一加上拐角剪口； ② 框选拐角点即可在拐角点处加上拐角剪口，可同时在多个拐角处同时加拐角剪口； ③ 框选或单击线的"中部"，在线的两端自动添加剪口，如果框选或单击线的一端，在线的一端添加剪口。 6) 辅助线指向边线的位置加剪口： 用该工具框选辅助线的一端，只在靠近这段的边线上加剪口，如果框选辅助线的中间段，则两端同时加剪口。用该工具在已有剪口的辅助线上框选，按DELETE 可删除剪口，也可用橡皮擦删除。 7) 调整剪口的角度： 用该工具在剪口上单击会拖出现一条线，拖至需要的角度单击即可。 8) 对剪口放码、修改剪口的定位尺寸及属性： 用该工具在剪口上击右键，弹出"剪口"对话框，可输入新的尺寸，选择剪口类型，最后点"应用"即可。
	袖对刀	功能：在袖窿与袖山上的同时打剪口，并且前袖窿、前袖山打单剪口，后袖窿、后袖山打双剪口。 应用：见图4-154所示。
	眼位	功能：在纸样上加眼位、修改眼位。在放码的纸样上，各码眼位的数量可以相等也可以不相等，也可加组扣眼。 应用：见图4-155所示。
	纸样对称	功能：有关联对称纸样与不关联对称纸样两种功能，关联对称后的纸样，在其中一半纸样修改时，另一半也联动修改。不关联对称后的纸样，在其中一半纸样上改动时，另一半不会跟着改动，两功能用Shift键切换。如果纸样的两边不对称，选择对称轴后默认保留面积大的一边。 应用：见图4-161所示。
快捷工具栏		
图标	**名称**	**主要功能和使用方法**
	点放码表	**功能：**对单个或多个点放码时用的功能表。 **用法：**见图4-145所示。

（续表）

放码工具栏		
图标	名称	主要功能和使用方法
	肩斜线放码	功能：使各码不平行肩斜线平行。 用法：见图4-149所示。

3. 服装排料系统主要工具功能与使用方法

表4-9　本节排料系统主要工具

唛 架 工 具 匣 1		
图标	名　称	主要功能和使用方法
	纸样选择	功能：用于选择及移动纸样 用法： 1) 选择一个纸样：用纸样选择工具单击一个纸样。 2) 选择多个纸样：用纸样选择工具在唛架的从空白处拖动，使要选择的纸样包含在一个虚线矩形框内，释放鼠标。或按住Ctrl键用鼠标逐个单击所选纸样。 3) 框选多个纸样：一次框选尺码表内的纸样拖动，可以是全部也可以是某个处片的某个号型，击右键，则可以将框选的纸样自动排料。 4) 移动：用纸样选择工具单击纸样，按住鼠标再拖到所需位置处释放鼠标即可。 5) 右键拉线找位：用该工具在纸样上按住右键向目标方向拖动并松手，选中纸样即可移至目标位置。 6) 击右键：纸样份数为偶数，属性为对称，当放在工作区的纸样少于该纸样总数的一半时，用右键点击纸样，纸样会旋转180度，再击右键纸样翻转，再右键，旋转180度，再击右键，纸样翻转。 7) 将工作区的纸样放回纸样窗：用纸样选择工具双击想要放回纸样窗的纸样，纸样自动回到纸样窗，可以框选对多个纸样进行操作。
	唛架宽度显示 显示唛架上全部纸样工具 显示整张唛架	功能：左键单击图标，按唛架宽度显示。 功能：左键单击图标，显示全部纸样。 功能：左键单击图标，显示整张唛架。
	旋转限定	1) 是限制"依角旋转"工具和"90°旋转"工具使用开关命令，按下该图标，唛架的纸样不可旋转，弹起该图标，纸样可以随意旋转； 2) 弹起该图标，可以用数字键盘的1（顺时针旋转）和3（逆时针旋转）旋转唛架上的纸样，每按一次数字键旋转一个角度，角度的设定在【选项】-【参数设定】-【样片旋转角度】命令里设置； 3) 按下该图标，按数字键5，纸样作垂直翻转；弹起该图标，按数字键5，纸样可以作任意方向的90°旋转。
	翻转限定	1) 是限制"垂直翻转"、"水平翻转"和"上下或左右翻转（复制）"工具的使用开关，按下该图标，唛架的纸样不可翻转，弹起该图标，纸样可以随意翻转； 2) 数字键7（垂直翻转）和9（水平翻转）：按下该图标，菜单【纸样】-【样片资料】中的"纸样数量"为"1"和"纸样属性"为"单片"时，不起翻转作用；但如果"纸样数量"为"2"，"纸样属性"为"成对"时，无论是否按下该图标，这两个键都可以其翻转纸样的作用。

（续表）

图标	名　称	主要功能和使用方法
	放大显示	单击或者框选放大指定区域。
	尺寸测量	可以用于测量唛架上任意两点的距离，用于检查唛架上的纸样是否有重合。
	依角旋转	"旋转限定"工具弹起时，用此工具对选中纸样设置旋转的度数和方向。
	顺时针90°旋转	"旋转限定"工具弹起时，用此工具对选中纸样进行90°旋转。
	水平翻转	选中纸样，单击该图标或者用数字键盘的9完成水平翻转。
	垂直翻转	选中纸样，单击该图标或者用数字键盘的7完成垂直翻转。
	样片文字	为唛架上的纸样添加文字。
	唛架文字	用于在唛架上未放纸样处输入文字。
	成组	"成组"工具用于将两个或者两个以上的纸样组成一个排料整体。用该工具左键框选两个或两个以上的纸样，纸样呈选中状态，单击"成组"图标，则这几个纸样自动成组，移动时，可以将成组的纸样移动；选中成组的纸样，单击"拆组"图标，则样片自动拆分。
	拆组	

表头：唛 架 工 具 匣 1

4.3.5　小结

本节主要介绍了女衬衣的纸样设计和排料设计，需要读者注意掌握以下知识点：

1. 女衬衣纸样设计和排料的流程

设置号型规格表→绘制、检查结构图→拾取纸样→调整纱向、摆正衣片修改点的属性→放码→设计剪口和扣眼位→做毛板→保存纸样文件→排料系统读取纸样文件→设置唛架→选择面料类型→自动排料（或人机交互式排料）→保存排料文件

2. 点放码的基本要点

1）需要先默认放码的坐标原点，坐标原点在衣片内外皆可，操作时坐标原点不需要标记出来，但是一旦某个衣片的坐标原点确定，各点的放码档差设计都要以该点为坐标原点，dX 和 dY 有正负之别。

2）▣工具和▣工具组合应用，输入最临近基码的小码的档差，如果没有比基码小的号型，则输入最临近基码的大码的档差。

3）肩点可以用专用的▣工具放码。

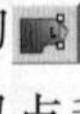

4）纸样上的点有放码点和非放码点之分，非放码点要放码必须用▣工具将其设置为放码点，否则不能针对该点设置放码档差。

5）删除放码量，"点放码表"里 dX 和 dY 后的档差输入 0 即可。

3. 缝份、折边的加放和删除方法

缝份和折边可以统一加放，删除缝份和折边可以在"加缝份"对话框里的"起点缝份量"里输入"0"，点击"确定"即可。

4. 掌握 ![图标]、![图标]、![图标]、![图标] 等纸样设计工具的使用方法；![图标]和![图标]放码工具的使用方法。

练习题：

请根据表 4–10 和图 4–169，完成该款女衬衣的纸样设计和排料设计。

表 4–10　设计女衬衣规格表

号型	后衣长	袖长	胸围	领围	肩宽	领座宽	翻领宽
160/84A	58cm	18cm	90cm	38cm	38cm	3cm	4cm
档差	2cm	0.5cm	4cm	1cm	1 cm	0cm	0cm

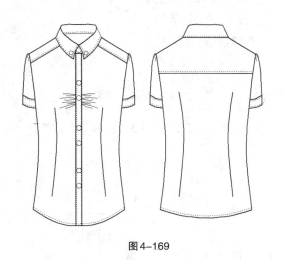

图 4–169

4.4 女式短上装纸样设计和排料设计

4.4.1 女式短上装款式特点分析

1. 女式春秋装简介

女式春秋装为春秋两季穿着的服装，常采用中等或者中等偏薄的面料制作，可以根据衣身的宽松程度分为合体型、一般型和宽松型，合体型的衣身浮余量常采用收省、分割、撇胸等方式处理，宽松型一般采用下放的方式处理，一般型则几种方式皆有，其领型多变，可以设计为无领、翻领、翻驳领和立领等多种造型，袖型也可以设计为

一片袖、两片袖和插肩袖等多种造型，可以通过不同面料、不同衣身造型和不同零部件的组合呈现出不同的服装风格。

女春秋装多采用夹里的工艺设计方式，面料的缝份一般为 1cm，折边一般为 4cm，里料的缝份略微比面料的缝份大 0.3cm，里料的折边量比面料的折边量小，一般为 2cm。

2. 女式短上装案例分析

如图 4-170 所示的这款女式短上装为合体风格，翻驳领，两片袖，开袋，前片、后片横向育克分割，前后片均有纵向公主线分割，装三粒扣子。在这款女式短上装的基础上，结合省道转移、褶皱和分割设计的方法，配合领子和袖子等零部件的变化，就可以设计出不同风格的上装。

根据这款女式短上装的款式风格和我国服装号型标准，设计其基码为 160/84A，其各部位规格和纸样放缩的档差如表 4-11。

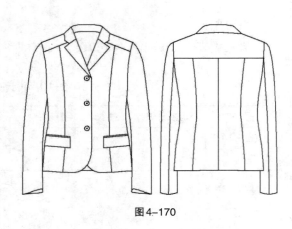

图 4-170

表 4-11 女式短上装规格表

号型	后衣长	袖长	胸围	腰围	摆围	肩宽	领宽	袖口宽	袋口大	袋盖宽
160/84A	53cm	56cm	92cm	76cm	94cm	38cm	6.5cm	12cm	12cm	4.5cm
档差	1.5cm	1.5cm	4cm	4cm	4cm	1 cm	0cm	0.5cm	0.5cm	0cm

女式短上装的结构如图 4-171 所示。本款是在新文化式原型的基础上进行制图。原型的后肩省只留下 1cm 转入款式中的分割线，剩下的 0.8cm 作为后肩吃势，考虑到外套内层有衣物，后片领口和肩线在原型的基础上整体上抬 0.2cm；胸省留下 0.8cm 作为袖窿松量，0.7cm 转移为撇胸，剩下的省量转入款式中的分割线；扣眼间距 13cm，如图 4-171（a）所示。

因为本款后片胸围从侧缝放出 0.5cm，前片胸围从侧缝收进 1.2cm，所以袖子制图时，后袖

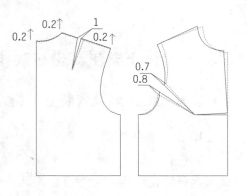

（a）

缝向外放出 0.5cm，前袖缝向里收进 1.2cm；因为肩宽在原型的基础上减窄 1cm，袖窿下移了 0.5cm，所以袖子制图时，袖山提高了 1.5cm，如图 4-171（b）、（c）所示。

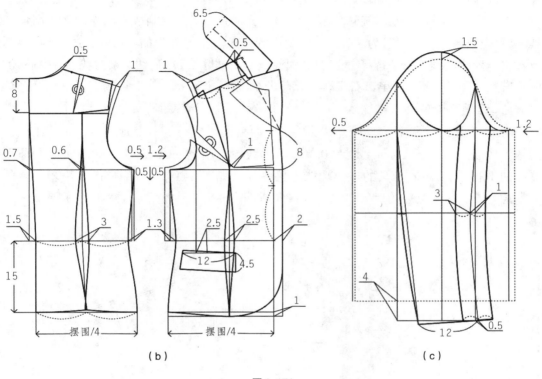

图 4-171

4.4.2 女式短上装纸样设计

1. 结构图设计

打开 4.1 节绘制的新文化式原型文件，删除所有纸样和结构图中的辅助线，用 ![工具] 工具将各线条设置为细实线，并用 ![工具] 工具将前后纸样分离，如图 4-172 所示。

点击菜单【文档】—【另存为】，将文件换名保存。

点击菜单【号型】—【号型编辑】命令，弹出"设置号型规格表"对话框，设置方法见 4.3.2，设置号型的数量自定，本例设置 6 个号型：150/76A、155/80A、160/84A、

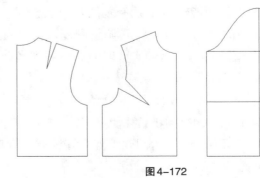

图 4-172

165/88A、170/92A，175/96A，其中 160/84A 设为基码，可单击"设置号型规格表"对话框中的"保存"，将女短外套的规格保存为 .siz 格式的文件，下次设计新款纸样时，单击"打开"，按存储路径调出该规格文件，再根据款式适当修改，可节约时间。

用 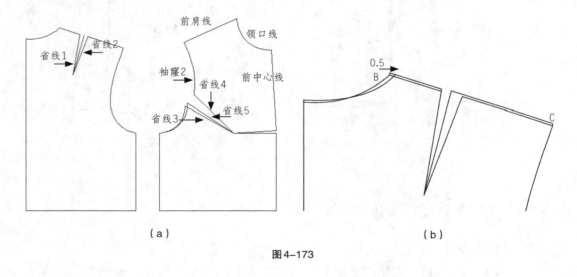 工具的 功能，旋转省线 1，"宽度"为"1"，绘制成省线 2；继续用该工具，旋转省线 3，"宽度"为"0.8"，绘制成省线 5。用 工具的 功能，过 BP 点绘制新省线与前中心线相交，选择 工具，框选或单击袖窿 2、前肩线、领口线、前中心线，单击右键，单击新省线，单击右键，单击省线 4，按住 Ctrl 键，单击省线 5，弹出"转省"对话框，选择"按距离"，并输入"0.7"，单击"确定"完成撇胸，如图 4-173（a）所示。

用 工具的"调整曲线长度"功能，将原型的后中心线向上延长 0.2cm，用 工具的 功能过 B（C）点向上绘制 0.2cm 的垂线段，用 的 功能过该点，绘制原型肩线的平行线，用 工具的连角功能连接各线，如图 4-173（b）所示，用 工具的 功能重新绘制短上装的后领口线，领口向右开大 0.5cm，如图 4-173（b）所示。

图 4-173

用 工具的 功能， 功能，连角和靠边功能，绘制各线，如图 4-174 所示。

用 工具的 功能从 A 点绘制后中曲线至 D 点，D 点由原型后中心线向由 1.5cm，用 工具的 功能过 D 点绘制垂线与下摆相交，用 工具的 功能，回车偏移功能绘制前后片的侧缝线，用 工具调整侧缝线至流畅为止，如图 4-175 所示。

用 工具的连角功能修剪前后衣片下摆多余的线条。用 工具的 功能绘制后袖窿和前袖窿，前后片的肩宽均减小 1cm，前片胸宽在胸省处减小 1.5cm，如图 4-176（a）所示。

如图 4-176（b）所示的剪断位置，用 工具 功能剪断线条，用 工具检查前后袖窿在肩部缝合后是否圆顺情况，在胸省缝合后是否圆顺，具体方法可看 4.3.2 女衬衣的袖窿检查与调整。

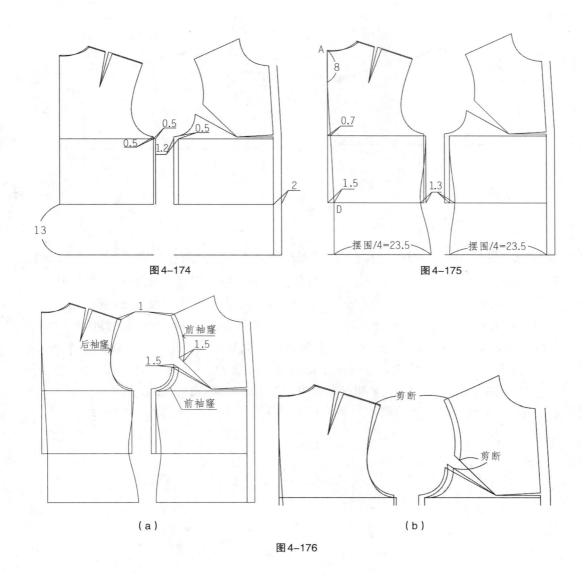

图4-174

图4-175

（a）　　　　　　　　　　（b）

图4-176

用 ∠ 工具的 ▼ 功能过肩省的省尖绘制分割线。分割线与后中曲线和后袖窿相交，如图 4-177（a）所示。

用 ▲ 工具将 1cm 肩省全部转移到右边的育克分割线里，注意，育克分割线要在省尖位置断开，否则不能用 ▲ 工具转省，如图 4-177（b）所示。

用 ☎ 工具分别 2 等分后片腰围和下摆。用 ∠ 工具的 ▼ 功能过腰围的等分点向上做垂线与育克分割线相交；用 ∠ 工具的 ⌠ 功能从下摆等分点向左偏移 1cm 的位置向上与腰围等分点相连，绘制成分割辅助线，如图 4-178（a）所示。

用 ☎ 工具的 ⌞ 功能单击分割辅助线与胸围线的交点，水平滑动光标，单击弹出"线上反向等分点"，在"单向长度"后输入"0.3"；继续单击分割辅助线与腰围线的交点，

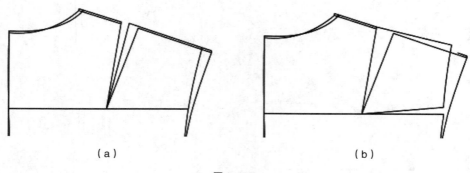

（a）　　　　　　　　　（b）

图4-177

水平滑动光标，单击，弹出"线上反向等分点"，在"单向长度"后输入"1.5"（后腰省共3cm），分割线定位完成，用✐工具的⌠功能绘制分割线，并用➔工具调整至流畅为止，如图4-178（b）所示。用✐工具的⤬功能在分割线位置剪断后边下摆。

　　用✐工具的✎功能绘制前肩线的平行线，两线相距4cm，用✐工具的双向靠边功能延长该线至前袖窿和原型领口，绘制成前育克分割线。用✐工具的⌠功能从BP点向左偏移1cm，向上绘制新省线交于前育克分割线的1/2位置，用➔工具调整新省线至流畅为止，用✐工具的⤬功能在育克位置剪断前袖窿，如图4-179（a）所示。

　　用转省工具，将剩下的胸省全部转移至新省线里，如图4-179（b）所示。

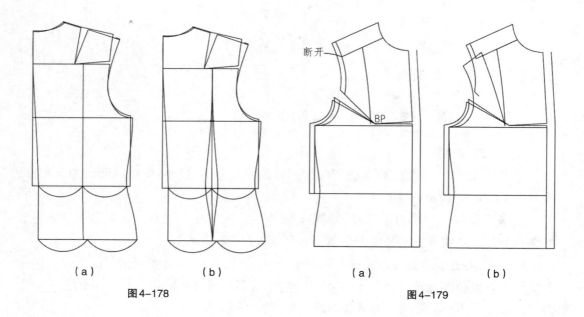

（a）　　　　　（b）　　　　　　　（a）　　　　　（b）

图4-178　　　　　　　　　图4-179

　　用✐工具的✎功能向下绘制后下摆的平行线，两线相距1cm。用✐工具的单向靠边功能将前中心线、止口线延长到该平行线上，用✐工具的⌠功能绘制前片的下摆。

用 ✎ 工具的 ⌐T 功能，过新省的省尖向下
绘制分割辅助线，与前片下摆相交，如图
4–180（a）所示。

　　用 ⚬⚬ 工具的 ⌐⌐ 功能单击分割辅助线
与腰围线的交点，水平滑动光标，单击，
弹出"线上反向等分点"，在"单向长度"
后输入"1.25"（前腰省共2.5cm），分割线
定位完成，用 ✎ 工具的 ⌐ 功能绘制分割线，
并用 ➘ 工具调整至流畅为止，如图4–180
（b）所示。

　　选择设计工具栏里的"圆角"工具
⌐ ，单击前止口线与前下摆线，单击空白
处，弹出"顺滑连角"对话框，在"线条1"
后输入"12"，单击"确定"，前摆绘制完成，如图4–181（a）所示。

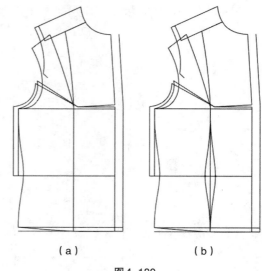

（a）　　　　　　　　　（b）

图4–180

　　用 ⚐ 工具检查下摆是否光滑。先检查后下摆，用 ⚐ 工具依次单击后片左右两条下
摆线，单击右键结束选择，再依次单击左右两条分割线，则系统模拟出分割线缝合后，
后片下摆连在一起的情况，左键调整光滑后，如图4–181（b）所示，单击右键结束调整，
同样的方法检查前后下摆在侧缝缝合后的连接情况，并调整至光滑为止。

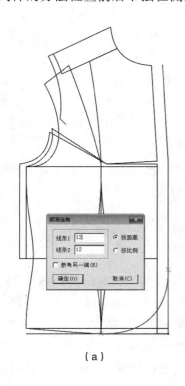

（a）

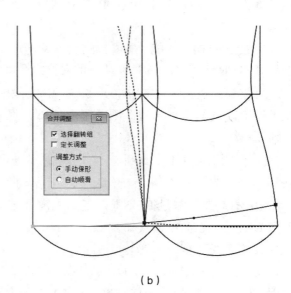

（b）

图4–181

用 ✎ 工具的 ⊤功能、∫功能、⌒功能和连角功能绘制袋盖，如图 4–182 所示，

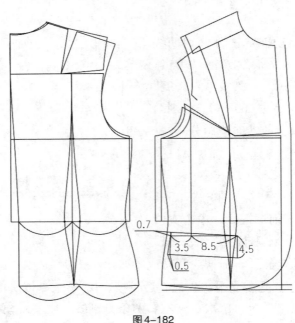

图 4–182

E 点由原型领口向左 0.5cm，用 ✎ 工具的 ⊤功能过 E 点向上绘制垂线，垂线段 EF 长 2.5cm，用 ✎ 工具的"单圆规"功能，绘制线段 GF，长 4cm。

用 ✎ 工具的 ⌒功能，过 G 点向右绘制 4cm 线段，线段 GO 长 4cm。利用 ✎ 工具的 ∫功能，连接 O 点和 P 点，P 点距离线段下端点 7cm，用 ✎ 工具的连角功能，修剪多余线条。

用 ✎ 工具的 ∫功能，根据款式绘制领子造型线，用 ⚠ 工具，以线段 OP 为对称轴，复制对称翻领造型线，G1 为 G 点的对称点，如图 4–183（a）所示。

用 ✎ 工具的 ⌒功能过 E 点绘制 OP 线段的平行线，用 ✎ 工具的连角功能，连接领子的串口线与该平行线，则绘制成领口，用 ✎ 工具的靠边功能，将前育克分割线延长到领口线上。

选择 ⌒，以 G1 点为圆心点，6.5cm 为半径，绘制弧线 1 与肩线交于 E1 点，如图 4–183（b）所示。

用 ✎ 工具，测量 E 点和 G 点的距离并记录。用 ✎ 工具的 ∫功能绘制弧线 3，E1 点和 G2 点距离即为 E 点和 G 点的距离，A 点和 K 点的距离为：4–2.5=1.5cm，用 ▶ 工具调整弧线 3 至流畅为止。用 ✎ 工具，测量弧线 3 的长度，不要关闭"比较长度"对话框，选择 ⌒工具，以 G1 点为圆心，以"弧线 3 的长度 +0.3cm"为半径画弧线 4，再用 ✎ 工具，测量后领口长度，以 E1 点为圆心，以"后领口长度 +0.3cm"为半径画

弧线 5，如图 4–183（b）所示。

用 ⚲ 工具，分别单击弧线 4 和弧线 5，绘制两弧线的公切线，如图 4–183（b）所示。

用 ✐ 工具，擦掉多余线条。用 ✐ 工具的 "调整曲线长度" 功能，调整公切线的右端，使其调整后的长度为：4+2.5=6.5cm，如图 4–183（c）所示。

用 ✐ 工具的 ∫ 功能绘制领上口和下口弧线，如图 4–183（c）所示。用 ▧ 工具，以公切线为对称轴检查和调整领子，保证领子展开后，领上口和下口弧线流畅，如图 4–183（c）所示。

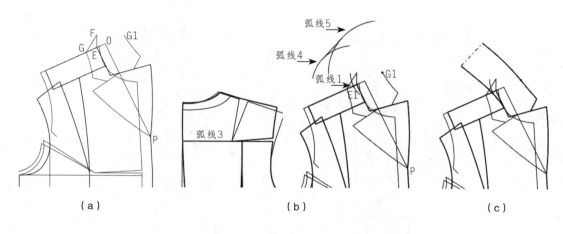

图4–183

用 ✐ 工具的 ✲ 功能以原型的后袖缝为基准，向左绘制平行线，两线间距为 0.5cm，以原型的前袖缝为基准，向右绘制平行线，两线间距为 1.2cm。用 ✐ 工具的 "调整曲线长度" 功能，将袖中线的上端延长 1.5cm，下端延长 4cm，如图 4–184（a）所示。

用 ✐ 工具的 ∫ 功能重新绘制袖山弧线；用 ⬯ 工具重新 2 等分前后袖宽，并用 ✐ 工具的 ⌐ 功能绘制垂线与原型袖山相交，用 ✐ 工具的连角功能调整各线至如图 4–184（b）所示。

参看图 4–171（c）所示的袖子制图尺寸，用 ✐ 工具的 ∫ 功能绘制前袖缝，用 ✐ 工具的 ⫽ 功能，以前袖缝为底边，绘制袖口，袖口长 12cm，用 ✐ 工具的 ∫ 功能绘制后袖缝，如图 4–184（c）所示。

用 ⬓ 工具的 ₊² 功能将前后袖窿复制到袖子相应位置，如图 4–184（d）所示，用 ✐ 工具的 ∫ 功能，绘制袖山弧线，如图 4–184（d）所示。

用 ✐ 工具的 ✲ 功能绘制大小袖的前袖缝，用 ✐ 工具的靠边功能调整前后袖缝成如图 4–184（e）所示。

用 〰 工具、✐ 工具的 ₊✦ 功能设置各线型，如图 4–184（e）所示。

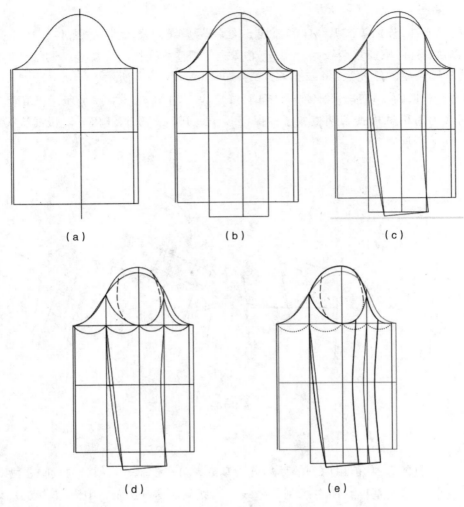

（a）　　　　　　（b）　　　　　　（c）

（d）　　　　　　　　　（e）

图4-184

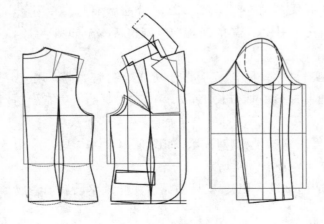

图4-185

继续用用🌊工具、✏工具的 ✛功能设置各线型，至此，女式短上衣的结构图绘制完成，如图 4-185 所示。

2. 净样板设计

用✂工具剪取各衣片，用🧵 工具调整各衣片纱向，双击纸样栏里的衣片修改衣片的名称和布料类型，布料类型都设置为面料，如图 4-186 所示。

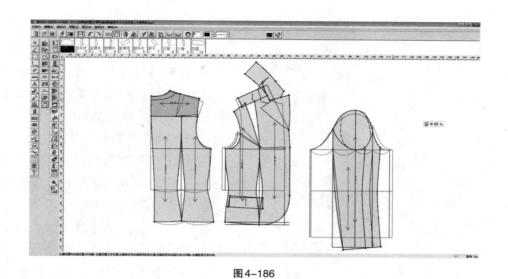

图4-186

　　为方便放码，用 工具修改各点属性，凡标识有字母的点设置为放码点，其余点设置为非放码点，如图 4-187 所示。

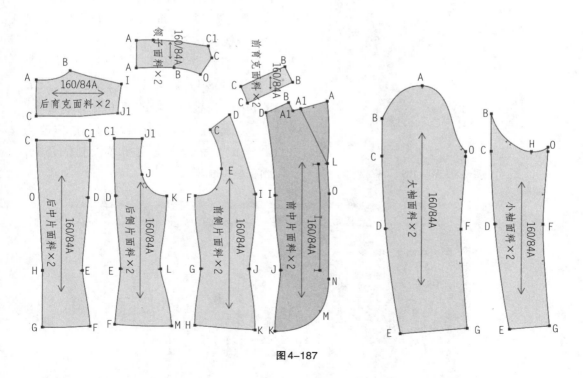

图4-187

　　用 工具的∫功能，在前育克和前中片纸样上绘制挂面线，两片挂面都距离领口4cm,其余尺寸自己设计。用 工具在纸样上沿线剪下两个衣片，如图 4-188 (a) 所示。

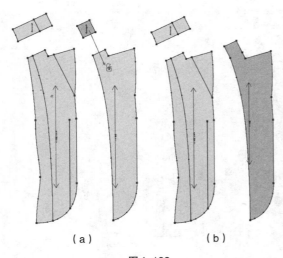

（a）　　　　　　　（b）

图 4-188

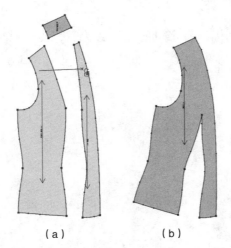

（a）　　　　　　　（b）

图 4-189

选择纸样设计工具栏里的"合并纸样"工具，分别单击上下两个纸样，如图 4-188（a）所示，则两纸样合并为挂面，如图 4-188（b）所示。用工具修改挂面上合并点的属性，设置为非放码点。修改该纸样名称为挂面。

用工具剪取前育克和前中片纸样中另一部分，双击纸样列表框中的前侧片，按 Ctrl+C 键，复制一个前侧片，如图 4-189（a）所示。用工具合并复制出的前侧片和前中片的剩下部分，如图 4-189（a）所示，再将此纸样与前育克剩下部分的纸样合并，如图 4-189（b）所示。用工具修改合并点的属性，设置为非放码点。修改该纸样名称为前片里子，面料类型设置为里料。可用工具擦除工具在前中片和前育克上绘制的辅助线。

用菜单【纸样】—【规则纸样】制作高为 30cm，宽为 16cm 的袋布，设置纸样名称为袋布，修改布料类型为里料。

用工具将所有纸样的缝份修改为 0，至此，女短外套主要净板制作完成，如图 4-190 所示。

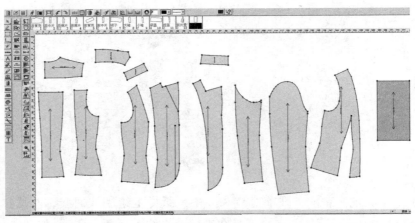

图 4-190

3. 放码设计

女短上装各衣片的档差分配如图 4-191 所示。

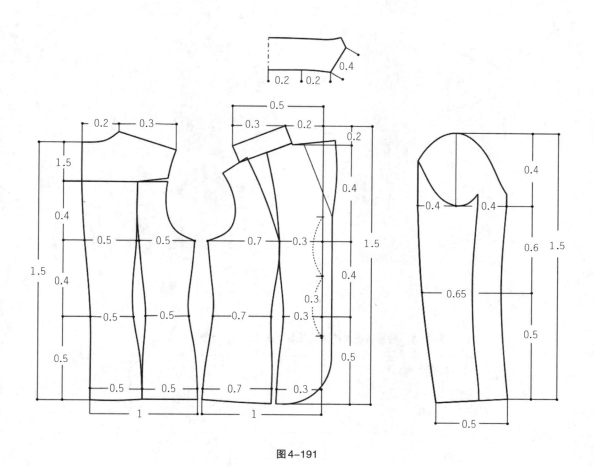

图4-191

后身放码，将后身各衣片按照图 4-192 所示进行排列，本例放码时默认 O 点为放码原点，各衣片在同一原点下放缩。各点具体放码数值参看表 4-12，主要采用 ▧ 和 ▨ 工具配合放码，同样英文代码的点表示放码数值一样，放码时，最好同时框选，同时放码，可提高工作效率，具有同样水平或竖直方向放码值的点也可同时框选，同时放码。I 点采用 ▦ 工具放码，后身各片放码结果见图 4-193 所示。

前身放码，将前身各衣片按照图 4-194 所示进行排列，本例放码时默认 O 点为放码原点，各衣片在同一原点下放缩。各点具体放码数值参看表 4-13，主要采用 ▧ 和 ▨ 工具配合放码。C 点采用 ▦ 工具放码，前身各片放码结果见图 4-195 所示。

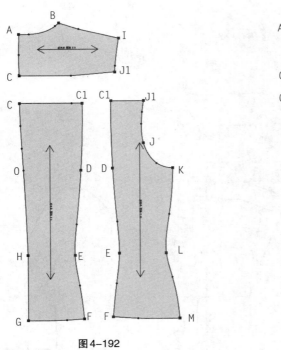

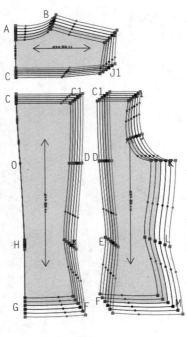

图4-192 　　　　　　　　　　　　　　　图4-193

表4-12 后身各衣片的155/80A各点dX、dY输入数值

后身各点代码	dX	dY
O(原点)	0	0
A	0	−0.6
B	−0.2	−0.6
C	0	−0.4
C1	−0.5	−0.4
D	−0.5	0
E	−0.5	0.4
F	−0.5	0.5
G	0	0.5
H	0	0.4
I（肩斜线放码）	AC为底边；勾选【档差】；【高度】为 −0.5；【各码与前放码点平行】；【均码】	
J	−0.6	−0.2

（续表）

后身各点代码	dX	dY
J1	−0.6	−0.4
K	−1	0
L	−1	0.4
M	−1	0.5

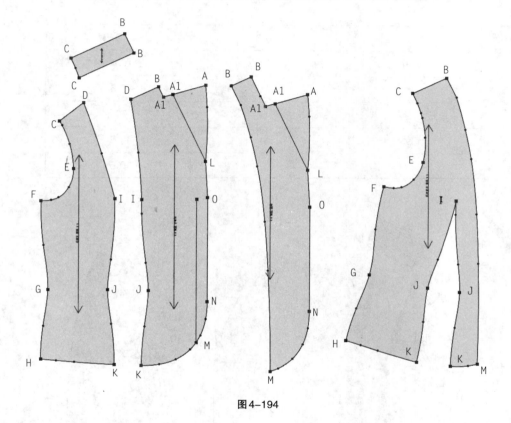

图4-194

表4-13　前身各衣片的155/80A各点DX、DY输入数值

前身各点代码	dX	dY
O(原点)	0	0
A	0	−0.4
A1	0.2	−0.4
B	0.2	−0.6
C（肩斜线放码）	前育克的纱向为底边；勾选"档差"；"高度"为−0.5；"各码与后放码点平行"；"均码"	

（续表）

前身各点代码	dX	dY
D	0.3	−0.6
E	0.6	−0.2
F	1	0
G	1	0.4
H	1	0.5
I	0.3	0
J	0.3	0.4
K	0.3	0.5
L	0	0
M	0	0.5
N	0	0.5

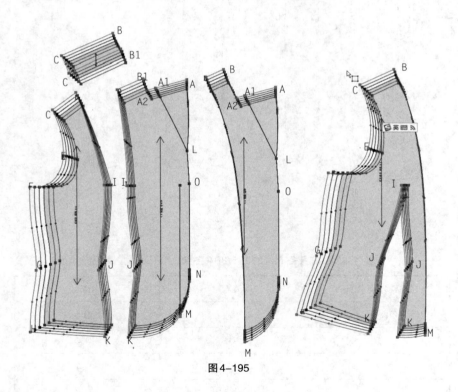

图4-195

用 ▨ 和 ▦ 工具配合进行袖子放码，袖子的各放码点如图4-196（a）所示，放码值如表4-14所示，放码结果如图4-196（b）所示。

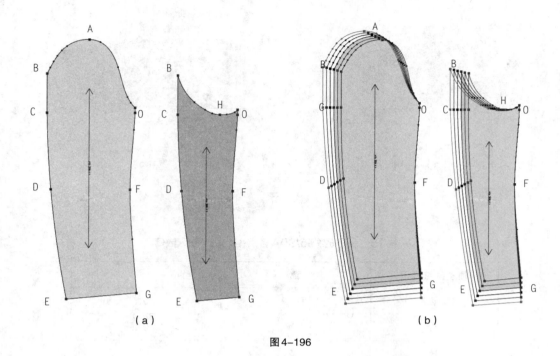

（a）　　　　　　　　　　　　　　　　　（b）

图4-196

表4-14　袖子的155/80A各点dX、dY输入数值

袖子各点代码	dX	dY
O(原点)	0	0
A	0.4	−0.4
B	0.8	−0.2
C	0.8	0
D	0.65	0.4
E	0.5	1.1
F	0	0.4
G	0	1.1
H	0.4	0

　　用 和 工具配合进行领子放码，领子的各放码点如图4-197（a）所示，放码值如表4-15所示，放码结果如图4-197（b）所示。

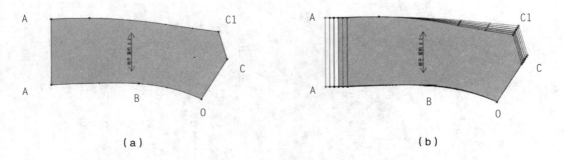

（a）　　　　　　　　　　　　　　（b）

图4-197

表4-15　领子的155/80A各点dX、dY输入数值

领子各点代码	dX	dY
O(原点)	0	0
A	0.4	0
B	0.2	0
C	按下☑放码，单击≫，选择【后切线方向】，输入dX：−0.2	
C1	保持按下☑放码，则其坐标角度与C点一样，输入dX：−0.2	

　　用█和█工具配合进行袋盖和袋布放码，各放码点如图4-198（a）所示，放码值如表4-16所示，放码结果如图4-198（b）所示。部件各点放码时要弹起☑按钮。

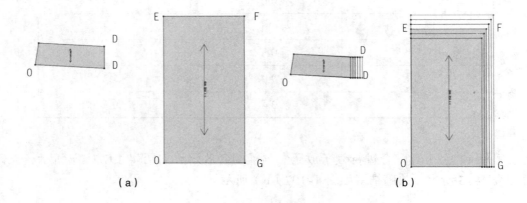

（a）　　　　　　　　　　　　　　（b）

图4-198

表 4-16　袋盖和袋布的155/80A各点dX、dY输入数值

部件各点代码	dX	dY
O(原点)	0	0
D	−0.5	0
E	0	−1
F	−0.5	−1
G	−0.5	0

用![工具]工具给各衣片轮廓线上的放码点加剪口，用![工具]工具给袖窿和袖山加剪口，用![工具]工具添加扣眼，并放码，扣眼间档差为 0.3。至此，女式短上装各主要衣片放码完成，如图 4-199 所示。

4．毛板设计

切换 F4 键可以隐藏或显示放码结果。选择![工具]工具，左键单击任一衣片的任何一个点，弹出"加缝份"的对话框，"起点缝份量"后输入"1"，再点击"工作区内全部纸样统一加缝"份，则所有衣片的各条轮廓线均向外加放了 1cm 的缝份。因为服装不同部位的工艺处理方式不同，所以各个部位的缝头大小、边角处理方式都不同，需要对缝头做进一步调整。F7 键可以显示或者隐藏缝份。

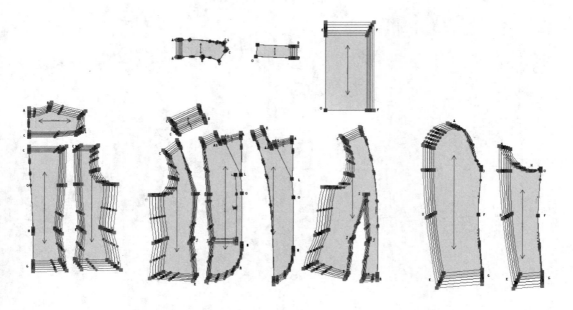

图4-199

女短外套的毛板分为面料毛板、里料毛板和衬料毛板三类。

面料毛板制作：用 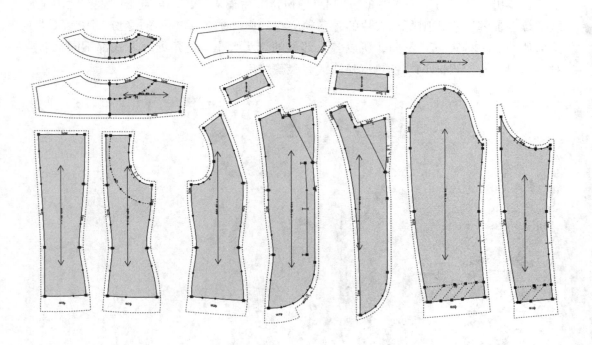 制作后领口贴边，宽4cm；衣身和袖子的折边为4cm，领子、袋盖缝份为2cm，其余缝份为1cm。需要拼合的两片如：大小袖的袖缝、前衣身的分割线、后衣身的分割线、前后肩线、前后侧缝可用 工具的 功能放缝，其余各缝份的边角修剪参考手工制板要求。用 工具将领子、后育克、后领口贴边对称展开。用菜单【纸样】—【做规则纸样】制作口袋嵌条，长为22cm，宽为5cm，缝份为0cm。女短外套面料毛板如图4-200（a）所示。

里料毛板制作：用 工具剪取后育克除贴边外的部分，修改名称为后育克里料，面料类型设置为里料。复制后中片、后侧片、大袖和小袖纸样，修改名称，面料类型设置为里料；衣身、袖子的折边为2cm，衣身袖窿部分的缝份为1.3cm，口袋布为净板，后中片的后中缝缝份为2.5cm（腰以上）和1cm（腰以下），小袖的袖山缝份为2cm，前后衣片侧缝部位的缝头靠近袖窿部位为1.3cm，靠近下摆部分为1cm，需要拼合的两片用 工具的 功能放缝，各缝份的边角修剪参考手工制板要求。女短外套里料毛板如图4-200（b）所示。

（a）

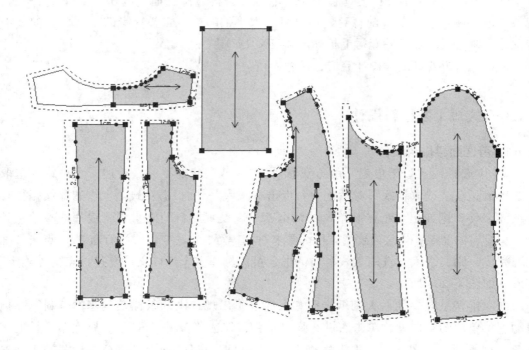

（b）

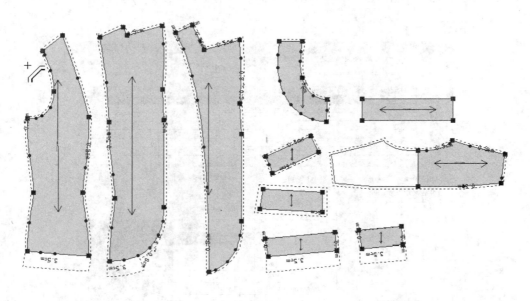

（c）

图4-200

衬料毛板制作：用 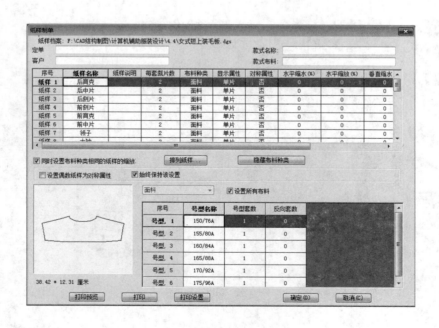工具制作衬料毛板，衬料缝份比面料缝份小 0.5cm。挂面、前中片、前侧片、袋盖、前育克、后育克、大小袖的袖口、各衣身的下摆，后袖窿均需设计衬料毛板。女短外套衬毛板如图 4-200（c）所示。

至此，女短外套纸样设计完成，保存即可。

4.4.3 女式短上装排料设计

1. 普通面料排料设计

"单位选择"、"唛架设定"的方法参看 4.3.3 节，此处不一一赘述，直接跳入选取款式环节，在"选取款式"对话框中，点击"载入"，则根据女式短上衣的存储路径打开纸样文件，则弹出"纸样制单"对话框，可以设置面料的缩水率、裁片的参数、各个号型排料的套数，设置偶数纸样是否要求对称等等，勾选"设置所有布料"，点击"确定"完成，则又进入"选取款式"对话框，可以选择多个纸样文件套排，点击【确定】完成，如图 4-201 所示。

进入排料系统界面后，则纸样窗和尺码表里出现选中的纸样及其基本资料。光标滑动到菜单栏的空白处，单击右键，弹出菜单，勾选"布料工具匣"，则在菜单栏的右上角出现 面料 图标，单击下拉箭头，可以根据布料的种类进行分床排料，先选择面料排料。左键点击该工具框并滑动，可以移动该工具框。

图4-201

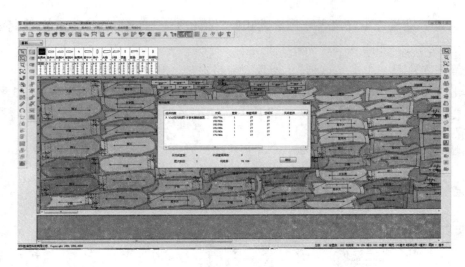

图4-202

为了提高工作效率，可以采用系统的自动排料功能。单击【排料】—【开始自动排料】，则系统会自动进行排料，排料结束会弹出"排料结果"对话框。在排料结果里，会列出所排纸样的各个参数，并会显示面料的利用率，如图4-202所示。

如果采用人机交互式排料，则可以左键选中号型，再左键双击需要排料的衣片（或者直接双击号型），则该衣片自动进入排料唛架，在唛架内，左键点击衣片，同时按住鼠标并滑动可以移动衣片，在合适的位置松开左键定位置。光标在排料唛架指向纸样，点击右键，可以翻转衣片。移动衣片位置可以按小键盘上的↑、↓、←、→方向键，则纸样会自动向唛架的最上边、下边、左边和右边移动，如果碰到别的纸样，会自动与其紧靠。如果需要将唛架上所有衣片都放回纸样窗，则点击【唛架】—【清除唛架】，如果只放几个衣片，则可以直接双击唛架上的衣片即可。排料结果可以直接看窗口右下角，也可以单击【排料】—【排料结果】。

则女式短上衣面料的排料完成，保存即可。同样的方法可以进行里料和衬料的排料设计。

2. 条格面料排料设计

如果用于缝制的面料有条格，需要对条对格排料，方法如下：

单击【文档】—【新建】，则弹出"唛架设定"对话框，设定唛架宽度和长度，唛架宽度可以设置为面料幅宽，长度可以预先多设置。唛架宽度设置为145厘米，长度设置为5000厘米，层数为1层。

点击"确定"，则弹出"选取款式"对话框，点击"载入"，则根据女短上装的存储路径打开纸样文件，则弹出【纸样制单】对话框，可以设置面料的缩水率、裁片的参数、各个号型排料的套数，设置偶数纸样是否要求对称等等，勾选"设置所有布料"，点击"确定"完成，则又进入"选取款式"对话框，可以选择多个纸样文件套排，点击"确定"完成，如图 4-201 所示。

选择面料排料。单击"选项"，勾选"对格对条"和"显示条格"。

单击【唛架】—【定义对条对格】，弹出"对格对条"对话框，如图 4-203 所示。

单击"布料条格"，弹出"条格设计"对话框，根据面料情况进行条格参数设定，图 4-204 所示。

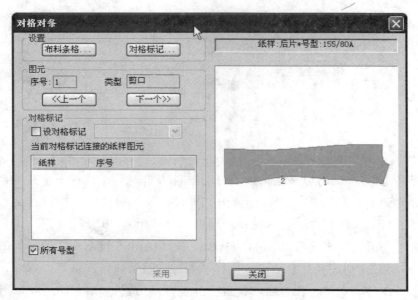

图 4-203

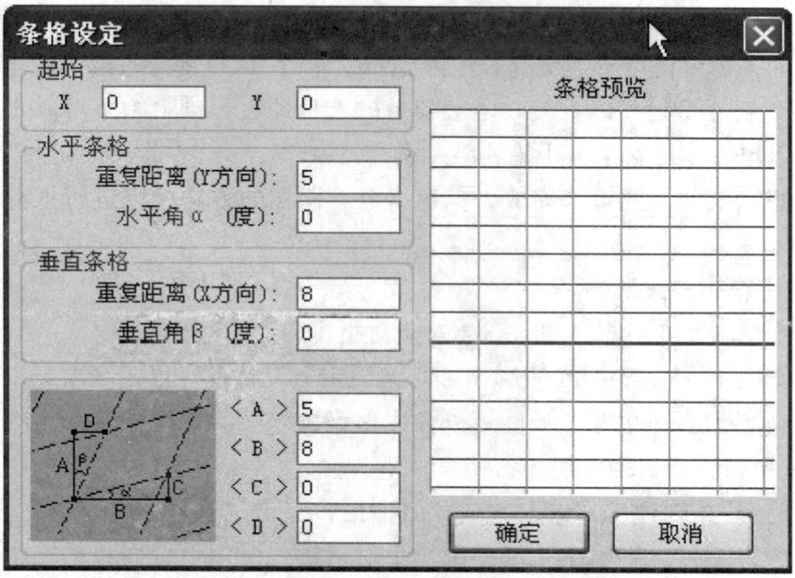

图 4-204

设定好后点击"确定"，回到"对格对条"对话框，然后在纸样窗里点击前片，再单击"对格标记"，弹出"对格标记"对话框，单击"增加"，弹出"增加对格标记"对话框，在名称框内设置一个名称，如"A"，如图4-205所示，如果一款服装需要多个部位对位，则可以点击"增加"多设几个对格标记，否则直接单击"关闭"即可。如果需要格子的水平和垂直方向都对位，则同时勾选"水平方向属性"和"垂直方向属性"下的"对条格"，如果只对一个方向则只需要勾选其中一个即可，当标记设置有误时，可以删除或者点击"修改"进行调整。

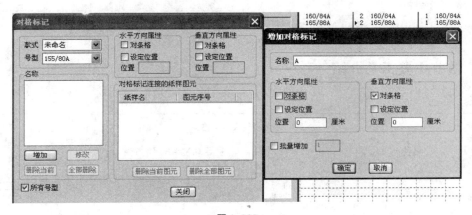

图4-205

回到"对条对格"对话框中，"图元"里的当前剪口或者孔位的"序号"会在右图当中变为红色，当纸样的内部图元比较多时，需要通过单击"上一个"或者"下一个"进行筛选，直至选中需要做对格对条标记的剪口为止，本例选"9"，然后勾选"设对格标记"，单击其文本旁的三角按钮，在下拉列表中选中对格标记名称，本例选"A"，单击"采用"，如图4-206所示。

同样的方法选中前侧片，前侧片的"3"图元，也选择"A"标记，这样前片和前侧片就将对格对条，如图4-207所示。同样的方法可以设置其他需要对对条的裁片。

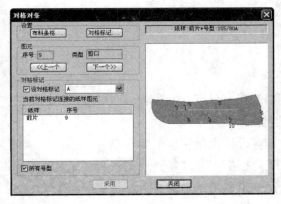

图4-206

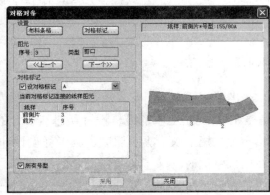

图4-207

左键单击并拖动纸样窗中前片，到唛架上释放鼠标左键，调整至合适位置，再左键单击并拖动纸样窗中前侧片，到唛架上释放鼠标左键，调整至合适位置，这时，前片与前侧片实现了对格对条，如图4-208所示。用这种方法继续完成剩下的裁片排料。

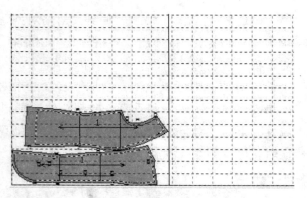

图4-208

4.4.4　本节主要工具介绍

表4-17　本节主要工具

设计工具栏		
图标	名称	主要功能和使用方法
⌐	圆角	功能：在不平行的两条线上，做等距或不等距圆角。用于制作西服前幅底摆，圆角口袋。适用于纸样、结构线。
纸样设计工具栏		
图标	名称	主要功能和使用方法
🖤	合并纸样	功能：将两个纸样合并成一个纸样。有两种合并方式：方法1是以合并线两端点的连线合并，方法2是以曲线合并。 应用：按Shift键在 ⛋（方法1）与 ⛋（方法2）间切换。当在第一个纸样上单击后按Shift键在保留合并线 ⛋（ ⛋ ）与不保留合并线 ⛋（ ⛋ ）间切换。 选中对应光标后有4种操作方法： 1）直接单击两个纸样的空白处； 2）分别单击两个纸样的对应点； 3）分别单击两个纸样的两条边线； 4）拖选一个纸样的两点，再拖选纸样上两点即可合并。

4.4.5　小结

本节主要介绍了女式短上衣的纸样设计和排料设计，需要读者注意掌握以下知识点：

1. 女式短上衣的纸样设计和排料设计的特点

女式短上衣为夹里服装，其纸样设计和排料设计比单层服装要复杂一些。首先体现在结构制图时，除了要绘制面料的结构图，还要根据工艺的特点绘制里料的结构图；其次是在设计纸样时，要在面料纸样的基础上设计里料的纸样；最后是排料时，不要忘记面料和里料要分床排料。

2．注意毛板的分割缝边角和折边边角的设计方法。

3．条格面料的排料流程和方法

1）在唛架上显示条格：【选项】—勾选【对格对条】和【显示条格】命令；

2）根据面料条格大小设置唛架的条格：单击【唛架】—【定义对条对格】，弹出"对格对条"对话框，单击"布料条格"，弹出"条格设计"对话框，根据面料情况进行条格参数设定，设定好后点击"确定"；

3）设置对格标记（接第2步），回到"对格对条"对话框，然后在纸样窗里点击需要对条格的纸样，再单击"对格标记"，弹出"对格标记"对话框，单击"增加"，弹出"增加对格标记"对话框,在名称框内设置一个名称。回到"对条对格"对话框中，"图元"里的当前剪口或者孔位的"序号"会在右图当中变为红色，当纸样的内部图元比较多时，需要通过单击"上一个"或者"下一个"进行筛选，直至选中需要做对格对条标记的剪口为止，然后勾选"设对格标记"，单击其文本旁的三角按钮，在下拉列表中选中对格标记名称，单击"采用"。同样的方法选中需要对格的另一个纸样，与前一个纸样选择同样的对格标记即可完成两个纸样的对格标记。

4）最后在唛架上采用交互式排列方式排料即可。

练习题：

请根据表4-18和图4-209所示女短外套图完成其纸样设计和排料设计。

表4-18　女式短上装规格表

号型	后衣长	袖长	胸围	腰围	摆围	肩宽	领宽	袖口宽
160/84A	43cm	56cm	92cm	76cm	90cm	38cm	6.5cm	12cm
档差	1cm	1.5cm	4cm	4cm	4cm	1 cm	0cm	0.5cm

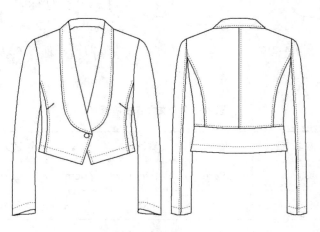

图4-209

4.5 女大衣纸样设计和排料设计

4.5.1 女大衣款式特点分析

1. 大衣简介

大衣是指覆盖在礼服和套装之外，穿着在最外面的衣物及户外穿着的服装的总称。

大衣一般为冬季穿着的服装，常采用中等或者厚面料制作，可以根据衣身的宽松程度分为合体型、一般型和宽松型，合体型的衣身浮余量常采用收省、分割、撇胸等方式处理，宽松型一般采用下放的方式处理，一般型则几种方式皆有，其领型多变，可以设计为无领、翻领、翻驳领和立领等多种造型，袖型也可以设计为一片袖、两片袖和插肩袖等多种造型，可以通过不同面料、不同衣身造型和不同零部件的组合呈现出不同的服装风格。

女大衣多采用夹里的工艺设计方式，面料的缝份一般为 1~1.5cm，折边一般为 4~5cm，里料的缝份略微比面料的缝份大 0.3cm，里料的折边量比面料的折边量小，一般为 2cm。

2. 女大衣案例分析

如图 4-210 所示的这款女大衣为宽松风格，翻领，插肩袖，帐篷型，侧缝装插袋，装五粒扣子。在这款女大衣的基础上，结合省道转移和分割设计的方法，配合领子和袖子等零部件的变化，就可以设计出不同风格的大衣。

根据本例的款式风格和我国服装号型标准，设计其基码为160/84A，其各部位规格和纸样放缩的档差如表 4-19。

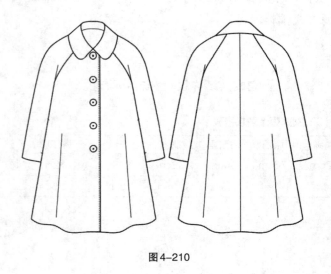

图4-210

表 4-19　女大衣规格表

号型	后衣长	袖长	胸围	肩宽	领宽	袋口大
160/84A	90cm	58cm	108cm	40cm	9cm	16cm
档差	2.5cm	1.5cm	4cm	1 cm	0cm	0.5cm

　　女大衣的结构如图 4-211 所示。本款是在新文化式原型的基础上进行制图。原型的后肩省只留下 0.8cm 转入插肩袖分割线，剩下的 1cm 转入袖窿作为松量，考虑到大衣内层有衣物，后片领口和肩线在原型的基础上整体上抬 0.4cm；胸省的 0.7cm 转移为撇胸，剩下的省量分为 2 份，1 份转入腰部下放，作为下摆松量，另一份留在袖窿，作为袖窿松量，如图 4-211（a）所示。

　　本款是插肩袖，前夹角为 45°，后夹角为 42.5°，袖山高为 17cm。因为衣身是宽松款，所以后胸围从侧缝放大了 4cm，前胸围从侧缝放大了 2cm，前后片袖窿下挖了 3cm，同时，为了使后片下摆更宽松，还从腋下进行了拉展，下摆拉展 4cm，如图 4-211（b）、（c）、（d）所示。

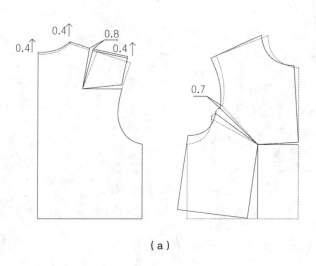

（a）

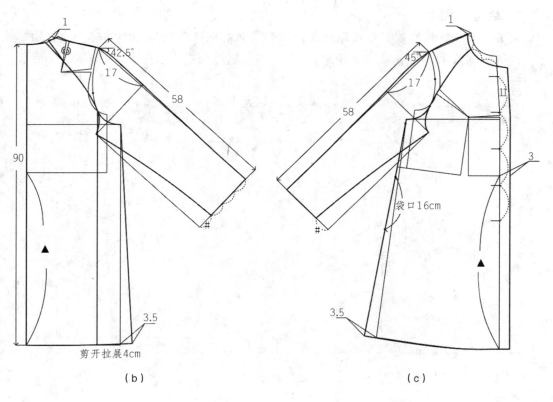

（b）　　　　　　　　　　　（c）

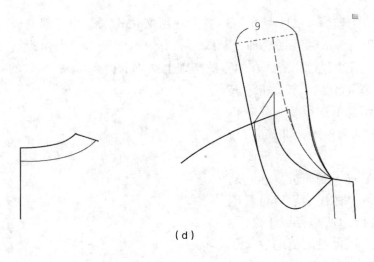

（d）

图4-211

4.5.2 女大衣纸样设计

1. 结构图设计

打开 4.1 节绘制的新文化式原型文件，删除所有纸样和结构图中的辅助线，用 工具将各线条设置为细实线，并用 工具将前后纸样分离，如图 4-212 所示。

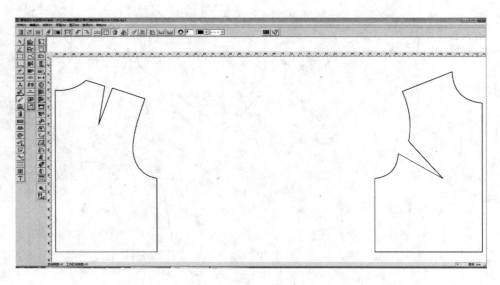

图4-212

点击菜单【文档】—【另存为】，将文件换名保存。

点击菜单【号型】—【号型编辑】命令，弹出"设置号型规格表"对话框，设置方法见 4.3.2，设置号型的数量自定，本例设置 6 个号型：150/76A、155/80A、160/84A、165/88A、170/92A、175/96A，其中 160/84A 设为基码，可调入 4.4.2 节女短外套的规格表，并做适当修改即可，调入方法为，在"设置号型规格表"中，单击"打开"，按路径打开"女短外套 .siz"文件，"确定"即可。

用 ✎ 工具的 ⊤ 功能，过肩省绘制水平线与后袖窿相交，用 ⚟ 工具，将后片 1cm 的肩省转移到袖窿作为松量。用 ✎ 工具的"调整曲线长度"功能，将原型的后中心线向上延长 0.4cm，用 ✎ 工具的 ⊤ 功能过原型侧颈点和肩点，向上绘制 0.4cm 的垂线段，用 ✎ 的 ⊤ 功能分别过这两点，绘制原型肩线的平行线，用 ✎ 工具的连角功能连接各线，用 ✎ 工具的 ⌠ 功能重新绘制大衣的后领口线，大衣领口在原型领口的基础上向右开大了 1cm，如图 4-213（a）所示。

用 ✎ 工具的 ⊤ 功能，过 BP 点绘制水平线与前中心线相交，然后用 ⚟ 工具，将胸省的 0.7cm 转移为到该线，用 ✎ 工具的 ⊤ 功能，过 BP 点向下绘制垂线与腰围线相交，用 ⚟ 工具将剩下胸省的 50% 转移到该线，用 ✎ 工具的 ⌠ 功能重新绘制大衣的前领口线，大衣领口在原型领口的基础上向左开大了 1cm，向下开大了 3cm，如图 4-213（b）所示。

用 ✎ 工具的 ✍ 功能绘制各线，用 ✎ 工具的"调整曲线长度"功能将前后肩线分别延长 1cm，将前后中心线分别延长 51.6cm，用 ✎ 工具的 ⌠ 功能，绘制前后袖窿弧线，用 ✎ 工具的连角功能，连接和修剪各线。各部位尺寸和绘制结果，如图 4-214 所示。

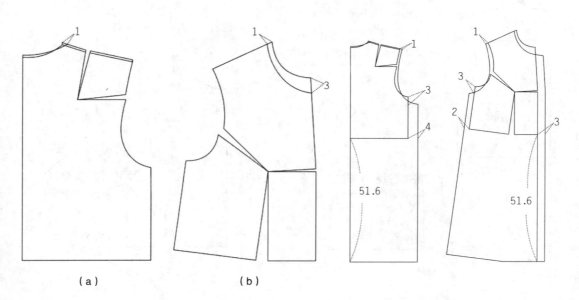

（a）　　　　　　　（b）

图 4-213　　　　　　　　　　　　图 4-214

　　用✐工具的功能过大衣后肩点绘制水平线，长度自定，用✐工具以水平线为基准，以后肩点为坐标原点，绘制"长度"为"58"，为"42.5"的角度线，如图4-215（a）所示。

　　按住shift键，用✐工具从后肩点沿角度线左键拖拉，则光标变为，单击左键，然后单击角度线靠后肩点段，弹出"点的位置"对话框，在"长度"后输入袖山高"17"，单击"确定"，向左滑动光标，绘制25cm左右的线段，该线为袖山高线，如图4-215（b）所示。

　　用✐工具2等分大衣后袖窿，选择✐工具，先单击后袖窿等分点，确定为圆心，再单击后胸围大点，确定半径，向左滑动光标绘制弧线，如图4-215（b）所示，当弧线超过袖山高线时，单击，弹出"弧长"对话框，单击"确定"。

　　用✐工具的功能，从距离大衣后领口1/2的位置，开始绘制插肩袖的分割线，分割线与后袖窿相交，交点就是大衣后袖窿与原型后袖窿的交点，用✐工具调整分割线至光滑，用✐工具，在该交点将袖子和衣身的分割线剪断，以便后期放码（该点为插肩袖放码的坐标原点），如图4-215（c）所示。

　　用✐工具的功能，绘制角度线的平行线、绘制袖山高线的平行线。用✐工具的【调整曲线长度】功能，将袖山线的右端延长0.7cm，用✐工具的功能沿肩部、后肩点，袖山线的延长点和袖口绘制后袖的袖中线，用✐工具调整后袖的袖中线至光滑，用✐工具的连角功能修剪线条、用✐擦除多余线条，如图4-215（d）所示。

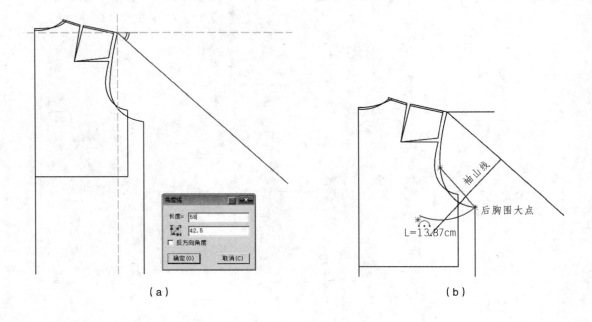

（a）　　　　　　　　　　　　　　　　（b）

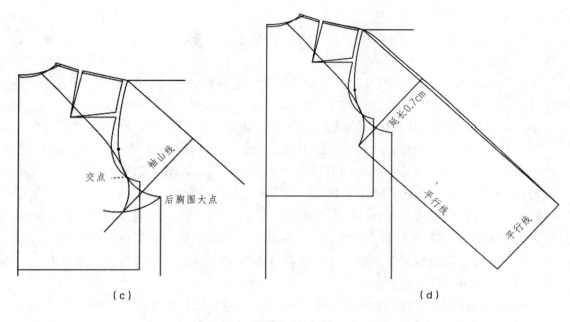

图4-215

用 ⊞ 工具4等分后袖口，从1/4等分点开始，用 ✎ 工具的 ∫ 功能绘制后袖缝。用 ✎ 工具的偏移功能（下摆处向右偏移3.5cm）、∫ 功能绘制侧缝线，用 ✎ 工具的连角功能连接下摆与侧缝，如图4-216（a）所示。

在如图4-216（b）所示的位置，用 ✎ 工具的 ✂ 功能剪断插肩袖分割线，用 ✎ 工具的连角功能修剪多余的肩线，如图4-216（b）所示，然后用 ◪ 工具将剩下的0.8cm肩省转移到分割线里，如图4-216（c）所示。用 ◤ 工具调整分割线、肩线至光滑。

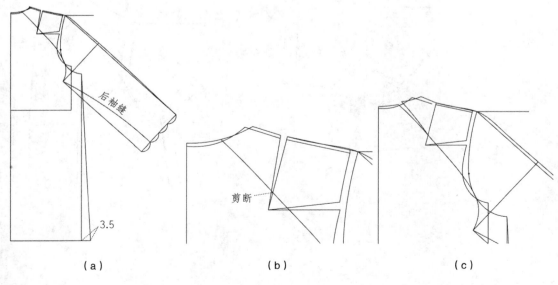

图4-216

参考后片的画法，画前片。

用 ✐ 工具的 T 功能过大衣前肩点绘制水平线，长度自定，以前肩点为起点，绘制"长度"为"58"，45°的角度线。

按住 shift 键，用 ✐ 工具从前肩点沿角度线左键拖拉，则光标变为 ▽ ，单击左键，然后单击角度线靠前肩点段，弹出"点的位置"对话框，在"长度"后输入袖山高"17"，单击"确定"，向右滑动光标，绘制 20cm 左右的线段，该线为袖山高线。

用 ⚭ 工具 3 等分前袖窿，选择 ⟋ 工具，先单击前袖窿 1/3 等分点，确定为圆心，再单击前胸围大点，确定半径，向右滑动光标绘制弧线，如图 4-217（a）所示，当弧线超过袖山高线时，单击，弹出"弧长"对话框，单击"确定"。

用 ⚭ 工具 3 等分前领口，用 ✐ 工具的 ⌢ 功能，从前领口 1/3 的位置，开始绘制插肩袖的分割线，分割线与前袖窿相交，交点就是大衣前袖窿与原型前袖窿的交点，用 ▲ 工具调整分割线至光滑，在该交点用 ✂ 工具将袖子和衣身的分割线剪断，以便后期放码，如图 4-217（b）所示。

用 ✐ 工具的 ⟋ 功能，绘制角度线的平行线，绘制袖山高线的平行线，如图 4-217（c）所示。用 ✐ 工具的"调整曲线长度"功能，将袖山线的左端延长 0.7cm，用 ✐ 工具的 ⌢ 功能沿肩部、前肩点，袖山线的延长点和袖口绘制前袖的袖中线，用 ▲ 工具调整前袖的袖中线至光滑。

用 ✑ 工具测量后袖口 1/4 份的长度，用 ✐ 工具的 ⌢ 功能绘制前袖缝，如图 4-217（c）所示。

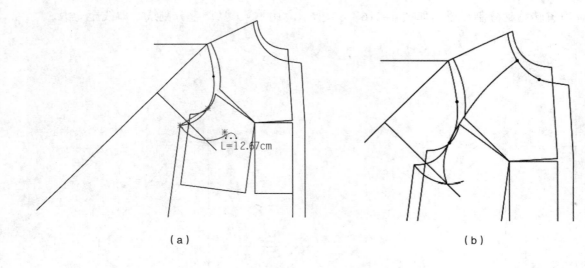

（a）　　　　　　　　　　　　　　　　　　　　　（b）

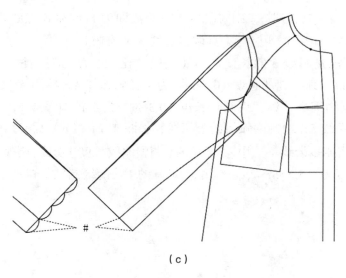

（c）

图4-217

用 ✏ 工具的偏移功能（下摆处向左偏移 3.5cm）、✌ 功能绘制侧缝线，用 ✏ 工具的 ✌ 功能绘制前下摆线，如图 4-218（a）所示。

用 ♪ 功能调整下摆弧线，如图 4-218（b）所示。

用 ⊟ 工具的 ✢ 功能，将大衣的前、后领口复制出来，用 ◿ 工具 ✢ 功能关闭大衣后领口的分割线，用 ✏ 工具修剪各线。

用 ✏ 工具过 E 点向上绘制垂线，垂线段 EF 长 3.5cm，用 ✏ 工具的"单圆规"功能绘制线段 GF，长 4cm。

用 ✏ 工具的"三角板"功能绘制线段 GO，长 5.5cm。利用 ✏ 工具的 ✌ 功能，连接 O 点和 P 点，并用 ◤ 工具调整该线至流畅。

用 ✏ 工具的 ✌ 功能，根据款式绘制领子造型线，如图 4-216（a）所示。

选择 ◠，以 G 点为圆心，9cm 为半径绘制弧线 1，用 ✍ 工具，测量 O 点和 P 点的曲线长度，不要关闭【长度比较】对话框，选择 ◠，以 P 点为圆心，以"OP 曲线段长度—0.5"为半径，绘制弧线 2，与弧线 1 交于 E1 点，如图 4-219（b）所示。

用 ✍ 工具，测量 E 点和 G 点的距离并记录。

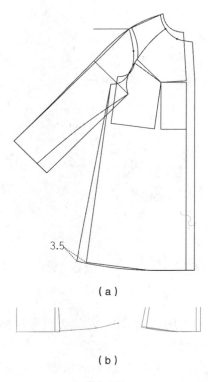

（a）

（b）

图4-218

用 ✐ 工具的 ∫ 功能绘制弧线 3，E1 点和 G1 点距离即为 E 点和 G 点的距离，A 点和 K 点的距离为：5.5-3.5=2cm，用 ➤ 工具调整弧线 3 至流畅。

用 ✐ 工具，测量弧线 3 的长度，不要关闭"比较长度"对话框，选择 ⌒ 工具，以 G 点为圆心，以"弧线 3 的长度 +0.5cm"为半径画弧线 4，再用 ✐ 工具，测量后领口长度，以 E1 点为圆心，以"后领口长度 +0.3cm"为半径画弧线 5，用 ✐ 工具，分别单击弧线 4 和弧线 5，绘制两弧线的公切线，如图 4-219（c）所示。

用 ✐ 工具，擦掉多余线条。用 ✐ 工具的【调整曲线长度】功能，调整公切线的左端，使其调整后的长度为：5.5+3.5=9cm，用 ✐ 工具的 ∫ 功能绘制领上口和下口弧线，如图 4-219（d）所示。

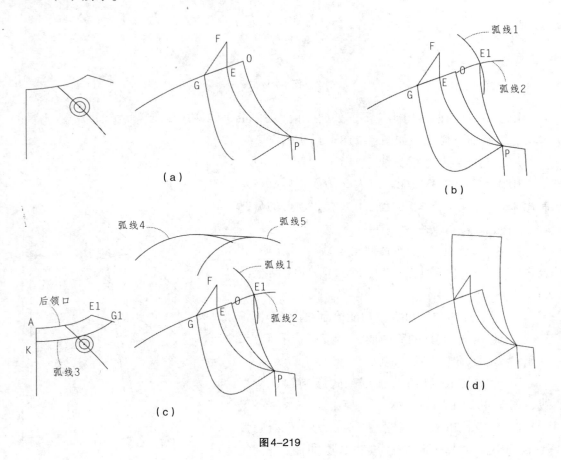

图 4-219

用 ✐ 工具，以公切线为对称轴检查和调整领子，保证领子展开后领上口和下口弧线流畅。

用 ✐ 工具的 ✐ 功能将大衣的后衣片复制出来，用 ✐ 工具的 ∫ 功能从分割线的剪断点（见图 4-215）绘制垂线与下摆相交，用 ✐ 旋转的 ✐ 拉开下摆 4cm，用 ✐ 工具重新绘制下摆弧线，如图4-220（a）所示。

从前片侧缝靠袖窿向下16cm位置的地方开始绘制口袋布，口袋布的长宽形状可自定，袋口大16cm，如图4-220（b）所示。

用▦工具设置线型，至此女大衣结构图绘制完成，如图4-221所示。

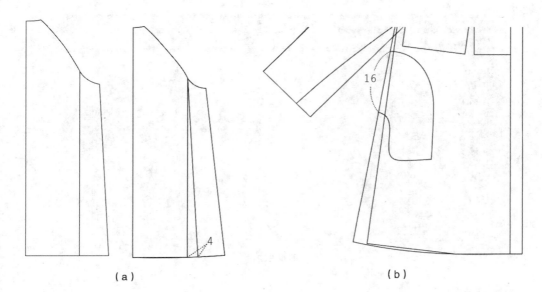

（a）   （b）

图4-220

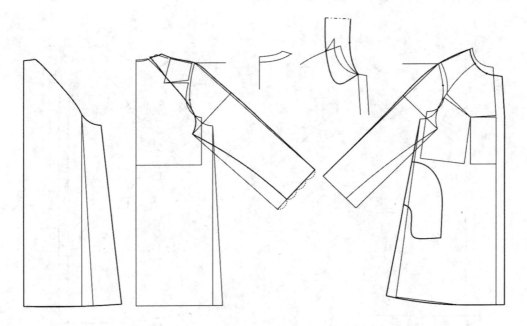

图4-221

2. 净样板设计

用![剪刀]工具剪取各衣片，用![工具]工具调整各衣片纱向，双击纸样栏里的衣片修改衣片的名称和布料类型，为方便放码，用![工具]工具修改各点属性，用![工具]工具将各片缝份修改为 0。至此，女大衣主要净板制作完成，如图 4-222 所示。

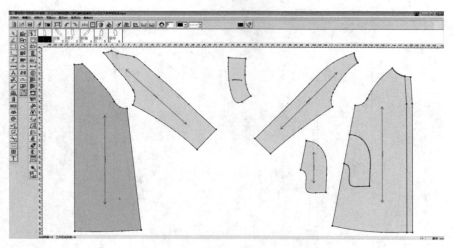

图 4-222

3. 放码设计

女大衣各衣片的档差分配如图 4-223 所示。

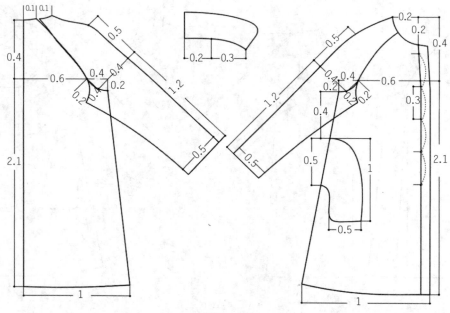

图 4-223

后身放码,将后身各衣片按照图4-224所示进行排列,用![icon]工具修改各点属性（有代码的才设置为放码点）,本例放码时默认O点为放码原点,各衣片在同一原点下放缩。各点具体放码数值参看表4-20,主要采用![icon]和![icon]工具配合放码,凡是同样英文代码的点可表示其放码数值一样,最好同时框选,同时放码,提高工作效率,具有同样水平或竖直方向放码值的点也可同时框选,同时放码。后衣身各片放码结果如图4-225所示。

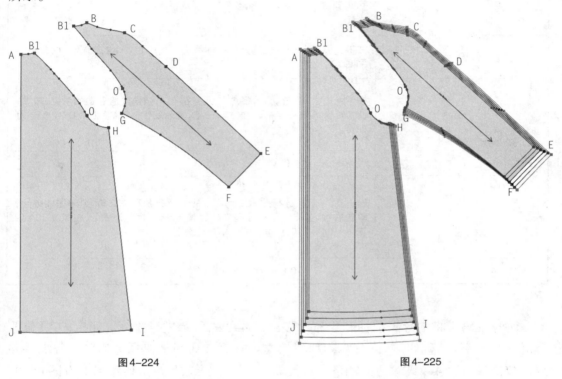

图4-224   图4-225

表4-20 后身各衣片的155/80A各点dX、dY输入数值

后身各点代码	dX	dY
O(原点)	0	0
A	0.6	−0.4
B	0.4	−0.4
B1	0.5	−0.4
C	按下![icon]放码,单击![icon],选择【后切线方向】,按角度值右边的下键,微调,使X轴坐标角度与袖中缝方向一致,输入dX: −0.3, dY: 0.4,单击![icon]即可	

（续表）

后身各点代码	dX	dY
D	按下 ☒ 放码,单击 ☒,选择"后切线方向",输入 dX:0.2,dY:0.4,单击 ☒ 即可。	
E	按下 ☒ 放码,单击 ☒,选择"后切线方向",dX:-0.4,dY:1.2,单击 ☒ 即可。	
F	按下 ☒ 放码,单击 ☒,选择"前切线方向",dX:0.2,dY:-0.4,单击 ☒ 即可。	
G	按下 ☒ 放码,单击 ☒,选择"前切线方向",按角度值右边的下键,微调,使 X 轴坐标角度与袖山线方向一致,输入 dX:-0.4,dY:0.2,单击 ☒ 即可。	
H	-0.4	0.2
I	输入 dY:2.1,选择放码工具栏里的"平行放码"工具 ☒,单击侧缝线,单击右键,弹出"平行放码"对话框,选择"相对档差",在 155/80A 后输入:-0.4,勾选"均码",单击"确定"。	
J	0.6	2.1

前身放码，将前片、前袖和袋布片按照图 4-226 所示进行排列，用 ☒ 工具修改各点属性，本例放码时默认 O 点为放码原点，各衣片在同一原点下放缩。各点具体放码数值参看表 4-21，主要采用 ☒ 、 ☒ 、 ☒ 工具配合放码。放码结果参看图 4-227 所示。

放码完成后， ☒ 工具框选前片上的口袋布线，然后单击前片侧缝，使口袋各码与侧缝相连。选择放码工具栏里的"拷贝点放码"工具 ☒ ，先单击衣片上的 H1 点，则该点的放码值被复制，再单击袋布上的 H1 点，则复制上放码值，用此方法将口袋布放码，前片放码结果如图 4-227 所示。

按 F4 键隐藏放码线。选择 ☒ 工具，单击前中心线靠领口段，弹出"线上扣眼"对话框，"个数"后输入"5"，"距首点"后输入"-3"，去掉"等分线段"前的勾，在"间距"后输入"11"，"角度"后输入"-90"，勾选"与线成固定角度"，修改 ☒ 为"2.5"，单击"各码不同"，弹出"各号型对话框"，勾选"档差"，在 155/80A 后的"间距"一栏输入"-0.3"，单击"均码"，单击"确定"，回到"线上扣眼"对话框，单击"确定"，完成扣眼放码，如图 4-228（a）所示，按 F4 键显示，如图 4-228（b）所示。

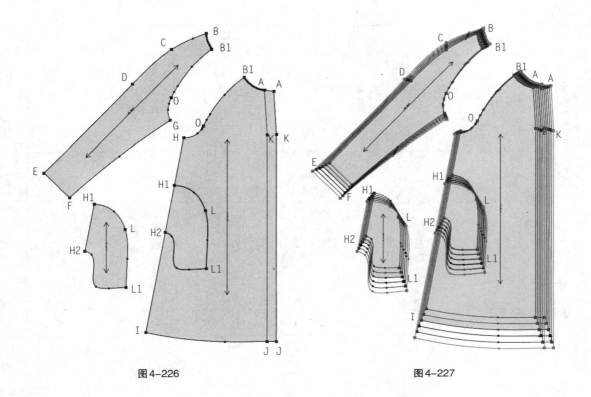

图4-226   图4-227

表4-21　前身各衣片的155/80A各点dX、dY输入数值

前身各点代码	dX	dY
O(原点)	0	0
A	−0.6	−0.2
B	−0.4	−0.4
B1	−0.5	−0.3
C	按下▽放码，单击≫，选择"前切线方向"，按角度值右边的上键，微调，使 X 轴坐标角度与袖中缝方向一致，输入 dX：−0.3，dY：−0.4，单击 ⏎即可。	
D	按下▽放码，单击≫，选择"前切线方向"，输入 dX：−0.2，dY：−0.4，单击 ⏎即可。	
E	按下▽放码，单击≫，选择"前切线方向"，dX：−0.4，dY：−1.2，单击 ⏎即可。	
F	按下▽放码，单击≫，选择"后切线方向"，dX：−0.1，dY：1.2，单击 ⏎即可。	

（续表）

前身各点代码	dX	dY
G	按下 ☑放码，单击 ≫，选择"后切线方向"，按角度值右边的上键，微调，使 X 轴坐标角度与袖山线方向一致，输入 dX：0.2，dY：0.4，单击 ☑即可。	
H	0.4	0.2
H1	0.4	0.6
H2	0.4	1.1
I	输入 dY：2.1，选择放码工具栏里的"平行放码"工具 ▣，单击侧缝线，单击右键，弹出"平行放码"对话框，选择"相对档差"，在 155/80A 后输入：−0.4，勾选"均码"，单击"确定"。	
J	−0.6	2.1
K	−0.6	0.2
L	−0.5	0.6
L1	−0.5	1.6

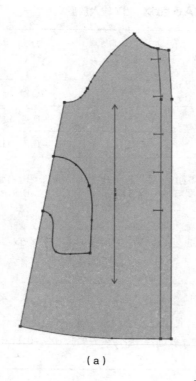

（a）

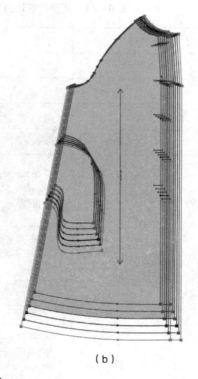

（b）

图 4-228

用 和 工具配合进行领子放码，领子的各放码点如图4-229（a）所示，放码值如表4-22所示，放码结果如图4-229（b）所示。

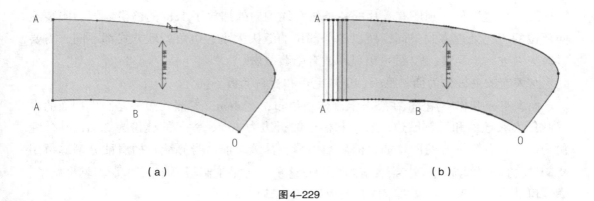

（a）　　　　　　　　　　　　（b）

图4-229

表4-22　领子的155/80A各点dX、dY输入数值

领子各点代码	dX	dY
O(原点)	0	0
A	0.5	0
B	0.3	0

用 工具给纸样轮廓线上的各放码点加剪口，至此女大衣各主要衣片放码完成，如图4-230所示。

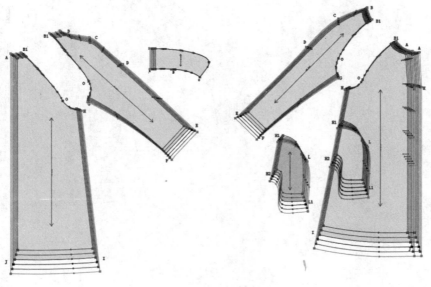

图4-230

4. 毛板设计

切换 F4 键可以隐藏和显示放码结果。选择 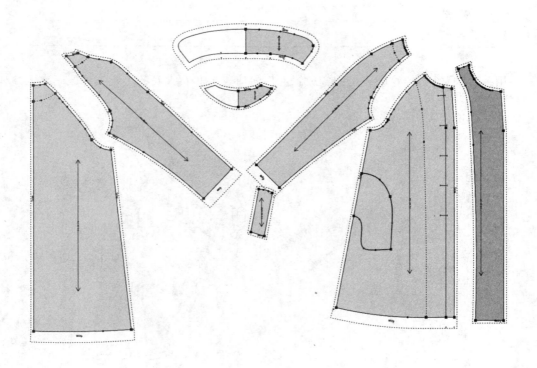工具，左键单击任一衣片的任何一个点，弹出"加缝份"的对话框，"起点缝份量"后输入"1"，再点击"工作区内全部纸样统一加缝"份，则所有衣片的各条轮廓线均向外加放了 1cm 的缝份。因为服装不同部位的工艺处理方式不同，所以各个部位的缝头大小、边角处理方式都不同，需要对缝头做进一步调整。F7 键可以显示或者隐藏缝份。

女大衣的毛板分为面料毛板、里料毛板和衬料毛板三类。

面料毛板制作：用 在袋布上制作袋垫布，宽 4cm；参照女短外套制作挂面的方法制作大衣挂面和后领贴边；衣身和袖子的折边为 4cm，领子的缝份为 2cm，其余缝份为 1cm。需要拼合的两片如：前后袖中缝、袖缝、前后身侧缝、插肩袖分割缝可用 工具的 功能放缝，其余各缝份的边角修剪参考手工制板要求。用 工具将领子、后领口贴边对称展开。女大衣面料毛板如图 4-231（a）所示。

里料毛板制作：参照女短外套制作里料的方法制作用大衣里料。女大衣里料毛板如图 4-231（b）所示。

衬料毛板制作：参照女短外套制作衬料的方法制作用大衣衬料。女大衣衬料毛板如图 4-231（c）所示。

（a）

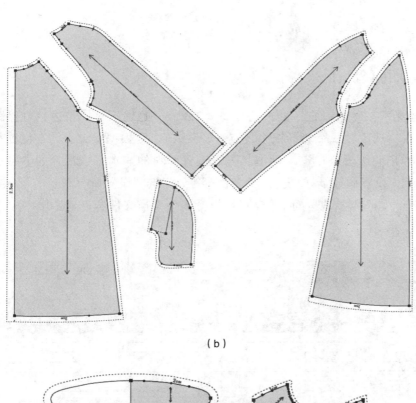

（b）

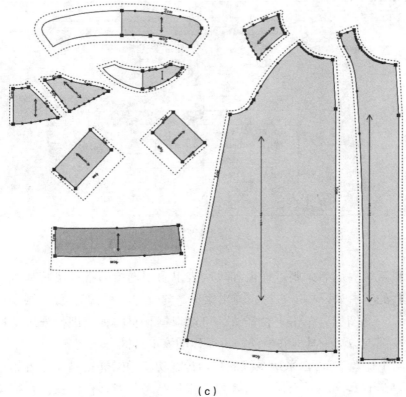

（c）

图4-231

至此，女大衣纸样设计完成，保存即可。

4.5.3 女大衣排料设计

"单位选择"、"唛架设定"的方法参看 4.3.3 节，此处不一一赘述，直接跳入选取款式环节，在"选取款式"对话框中，点击"载入"，则根据女大衣的存储路径打开纸样文件，则弹出"纸样制单"对话框，可以设置面料的缩水率、裁片的参数、各个号型排料的套数，设置偶数纸样是否要求对称等等，勾选"设置所有布料"，点击"确定"完成，则又进入"选取款式"对话框，可以选择多个纸样文件套排，点击"确定"完成，如图 4-232 所示。

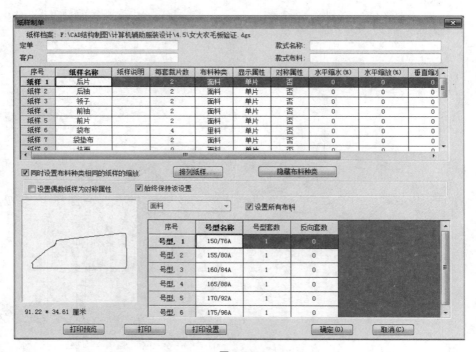

图 4-232

进入排料系统界面后，则纸样窗和尺码表里出现选中的纸样及其基本资料。光标滑动到菜单栏的空白处，单击右键，弹出菜单，勾选"布料工具匣"，则在菜单栏的右上角出现 面料 图标，单击下拉箭头，可以根据布料的种类进行分床排料，先选择面料排料。左键点击该工具框并滑动，可以移动该工具框。

为了提高工作效率，可以采用系统的自动排料功能。单击【排料】—【开始自动排料】，则系统会自动进行排料，排料结束会弹出"排料结果"对话框。在排料结果里，会列出所排纸样的各个参数，并会显示面料的利用率，如图 4-233 所示。

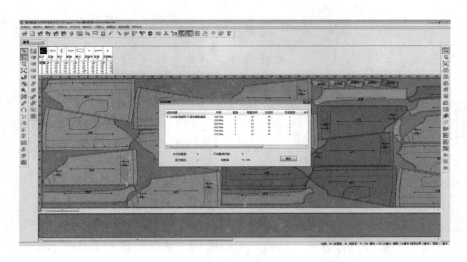

图4-233 自动排料结果

如果采用人机交互式排料,则可以左键选中号型,再左键双击需要排料的衣片(或者直接双击号型),则该衣片自动进入排料唛架,在唛架内,左键点击衣片,同时按住鼠标并滑动可以移动衣片,在合适的位置松开左键定位置。光标在排料唛架指向纸样,点击右键,可以翻转衣片。移动衣片位置可以按小键盘上的↑、↓、←、→方向键,则纸样会自动向唛架的最上边、下边、左边和右边移动,如果碰到别的纸样,会自动与其紧靠。如果需要将唛架上所有衣片都放回纸样窗,则点击【唛架】—【清除唛架】,如果只放几个衣片,则可以直接双击唛架上的衣片即可。排料结果可以直接看窗口右下角,也可以单击【排料】—【排料结果】。

则女大衣上衣面料的排料完成,保存即可。同样的方法可以进行里料和衬料的排料设计。

4.5.4 本节主要工具介绍

表4-23 本节主要工具

设 计 工 具 栏		
纸 样 设 计 工 具 栏		
图标	名称	主要功能和使用方法
⫼⫶	拷贝点放码量	功能:拷贝放码点、剪口点、交叉点的放码量到其他的放码点上。可X、Y值同时拷贝,也可只拷贝一个方向的值。 应用: 1) 单个放码点的拷贝:用该工具在有放码量的点上单击或框选,再在未放码的放码的点上单击或框选; 2) 多个放码点的拷贝:用该工具在放了码的纸样上框选或拖选,再在未放码的纸样上框选或拖选,注意要按顺时针方向选择。

（续表）

设 计 工 具 栏		
纸 样 设 计 工 具 栏		
图标	名称	主要功能和使用方法
 平行放码	平行放码	功能：对纸样边线、纸样辅助线平行放码。 注意：距离有正负之分，在纸样上用箭头作标识。大于0，表示沿着箭头的方向偏移，反之为另一个偏移方向。

4.5.5 小结

本节主要介绍了女大衣的纸样设计和排料设计，需要读者注意掌握以下知识点：

1. 无省服装的纸样设计方法，胸省一般以撇胸、袖窿松量和下放的形式存在。

2. 掌握 工具的用法，对于某些款式，在放码时可考虑造型要求，用平行放码工具操作。

练习题：

请根据表 4-24 和图 4-234 所示女大衣款式图完成其纸样设计和排料设计。

表4-24　女大衣规格表

号型	后衣长	袖长	胸围	腰围	臀围	肩宽	领宽	袖口宽
160/84A	100cm	58cm	98cm	84cm	102cm	33cm	9cm	13cm
档差	3cm	1.5cm	4cm	4cm	4cm	1 cm	0cm	0.5cm

图4-234

第 5 章
计算机辅助服装设计综合案例

5.1 连衣裙设计构思

连衣裙作为一个重要的服装品种，是人们，特别是年轻女孩喜欢的夏装之一。 连衣裙在各种款式造型中被誉为"款式皇后"，是变化莫测、种类最多、最受青睐的款式。在上衣和裙体上可以变化的各种因素几乎都可以组合构成连衣裙的样式。连衣裙还可以根据造型的需要，形成各种不同的轮廓和腰节位置，本款连衣裙设计是标准型连衣裙，接腰部位在人体的最细部位，上衣部分收省，做合体处理。连衣裙的亮点在于面料的选择，面料采用印花棉布，使着装者展现出天然、纯真的美感。

5.2 草图的绘制

设计草稿绘制如图 5-1 所示。

5.3 连衣裙效果图绘制

1）新建文件如图 5-2 所示。

2）选择钢笔工具 ，绘制人体轮廓如图 5-3 所示。

3）创建一个新图层，将名称更改为人体线稿如图 5-4 所示。

图 5-1 设计草图

图 5-2 新建文件

图 5-3 路径绘制人体

图 5-4 人体线稿图层

4）选择画笔工具 ✐，笔刷大小设置为 1 像素，不透明度为 100%，颜色为黑色，单击"路径"面板下方的"用画笔描边路径工具" ◯ 为路径描边，如图 5-5 所示。

5）新建一个图层，将其名称更改为"皮肤"，选择画笔工具 ✐ 开始给皮肤上色，在为皮肤上色时，可以提前预留出高光部分，对于涂画到皮肤外边的颜色，可以利用线稿转化为选区清除，也可以结合套索工具 ⟲ 和魔棒工具 ☇ 来进行清除，大致的皮肤底色绘制完成后，可以利用涂抹、加深 ✺ 和减淡 ✎ 工具结合，把皮肤的大致明暗关系处理出来，如图 5-6 所示。

6）创建一个新图层，将名称更改为头发和眼睛，绘制头发和眼睛，参照绘制皮肤的方法进行，效果如图 5-7 所示。

7）选择钢笔工具 ✒，绘制衣服轮廓如图 5-8 所示。

8）新建一个图层，将其名称更改为"衣服线稿"，选择画笔工具 ✐，笔刷大小为 1 像素，不透明度 100%，颜色设置为黑色，单击"路径"面板下方的"用画笔描边路径工具" ◯ 为路径描边，如图 5-9 所示。

9）创建一个新图层，将其名称更改为"衣服上色"，选择画笔工具开始为衣服上色，绘制大致色调，执行【滤镜】—【高斯模糊】命令，对于衣服外边的颜色，可以利用线稿转化为选区进行清除。效果如图 5-10 所示。

10）关闭其他图层如图 5-11 所示，将"衣服上色"图层另存到指定路径，存储格式为 psd 格式。

11）存储完毕后，打开所有图层如图 5-12 所示。

12）载入素材，将其放置合适的位置如图 5-13 所示。

图 5-5　服装人体　　　　图 5-6　皮肤绘制　　　　图 5-7　头发和眼睛的绘制　　图 5-8　路径绘制裙子轮廓

图 5-9　连衣裙线稿

图 5-10　衣服明暗关系

图 5-11　关闭图　层

图 5-12　打开图层

图 5-13　载入素材

图 5-14　置换命令设置框

图 5-15　查找置换对象路径

图 5-16　建立选区

13）执行【滤镜】—【扭曲】—【置换】命令，弹出对话框，设置如图 5-14 所示，
　　单击确定按钮，弹出对话框如图 5-15 所示，查找置换图的路径，将其打开。

14）利用连衣裙线稿，建立选区如图 5-16 所示。

15）执行【选择】—【反向】命令删除衣服以外的素材，效果如图 5-17 所示。

16）将"素材"图层的属性更改为"叠加"如图 5-18 所示，得到效果如图 5-19 所示。

17）选择画笔工具 ，颜色设置为红色，根据需要变换颜色的纯度、明度，绘制

图 5-17　删除选区以外的素材　　　　图 5-18　更改素材混合模式　　　　图 5-19　混合模式更改后的效果

图 5-20　绘制鞋子

图 5-21　绘制背景

鞋子如图 5-20 所示。

18）选择画笔工具 ，颜色设置为黑色，根据
　　需要变换颜色的透明度，绘制背景部分，效
　　果如图 5-21 所示。

5.4　连衣裙款式图的绘制

1）设置图纸、原点和辅助线：设置图纸为 A4 图纸、竖向摆放，绘制单位为 cm。
　　利用挑选工具，鼠标指针按在横向标尺和竖向标尺的交叉点上，拖动鼠标，将
　　原点设置在图纸中间上部适当的位置，参考图中数据如图 5-22 所示，设置辅
　　助线，如图 5-23 所示。

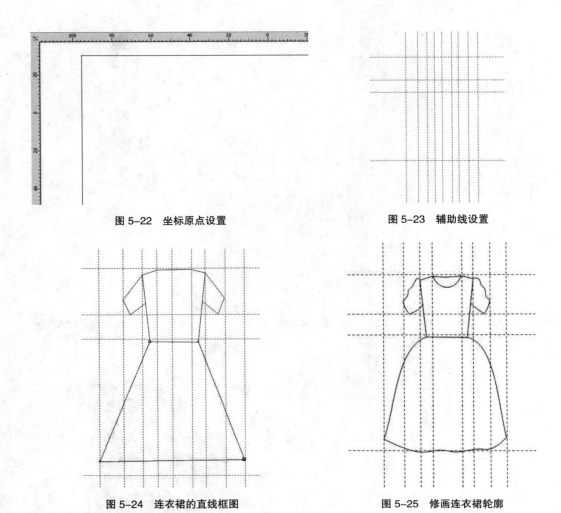

图 5-22　坐标原点设置　　　　　　　　　　图 5-23　辅助线设置

图 5-24　连衣裙的直线框图　　　　　　　　图 5-25　修画连衣裙轮廓

注意：设置辅助线有两种方法，其一是通过辅助线设置对话框，输入数据，逐条添加辅助线；其二是通过标尺，利用挑选工具，逐条拖出横向和竖向辅助线，放置在合适的位置。

2）绘制直线框图：利用手绘工具 ✍，参照辅助线的标尺范围，绘制连衣裙的直线框图，如图 5-24 所示。

3）修画连衣裙的外轮廓：利用形状工具 ✎，选中连衣裙的直线框图，单击交互式属性栏的转换直线为曲线的图标 ⌒，将其转化为曲线，利用形状工具 ✎，鼠标指针按在相关直线上，拖动鼠标，使其弯曲为流畅圆润的曲线，如图 5-25 所示。

4）绘制连衣裙的内部结构线：选择手绘工具 ✍，绘制省道和腰部的横向风格，如图 5-26 所示。

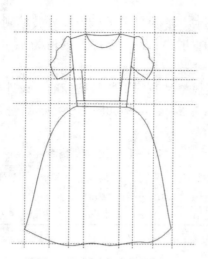

图 5-26 连衣裙内部结构图

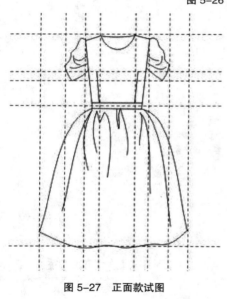

图 5-27 正面款试图

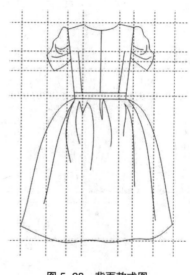

图 5-28 背面款式图

5）绘制连衣裙的褶皱：选择贝塞尔工具 和形状工具 绘制连衣裙的褶皱，得到效果，如图 5-27 所示。

6）背面款式图：参考正面款式图的画法，绘制背面款式图如图 5-28 所示。

5.5 使用富怡服装CAD进行服装纸样设计和排料设计

5.5.1 款式特点分析

分析该款连衣裙为接腰型连衣裙，胸腰合体，裙身部分蓬松，腰部分割系腰带，袖子为垂褶造型。结构制图时，衣身部分的胸省需要转移到腰部。该连衣裙为夏季款，所以采用无里子的工艺处理方式，缝头锁边，缝份为1cm，袖口折边和下摆折边为2cm。

根据这款连衣裙的款式风格和我国服装号型标准，设计其基码为160/84A，其各部位规格和纸样放缩的档差如表5-1，结构如图5-29所示。

表5-1　连衣裙规格表

号型	胸围	腰围	肩宽	背长	袖长	裙长
160/84A	89cm	70 cm	34 cm	36 cm	20 cm	90 cm
档差	4 cm	4 cm	1 cm	1 cm	0.5 cm	3 cm

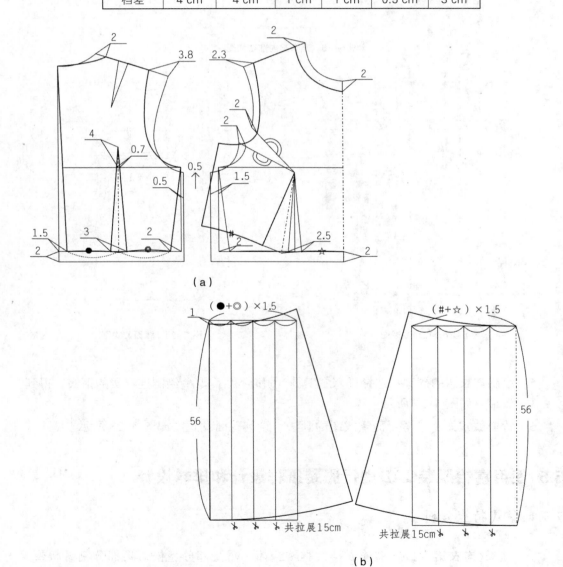

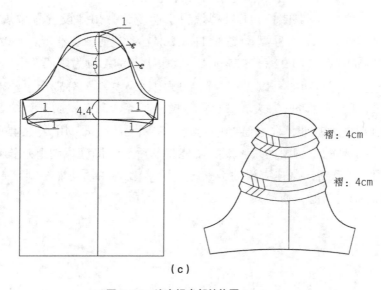

（c）

图 5-29　连衣裙内部结构图

5.5.2　纸样设计

1. 结构图设计

打开 4.1 节绘制的新文化式原型文件，删除所有纸样和结构图中的辅助线，用 ▨▨▨ 工具将各线条设置为细实线，并用 ⧈ 工具将前后纸样分离，用 ⧸ 工具调整线条，如图 5-30 所示。

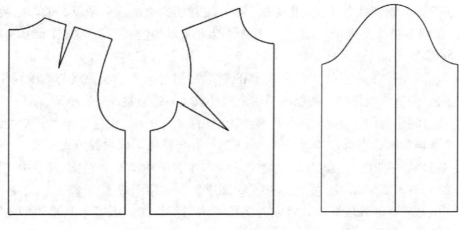

图 5-30

点击菜单【文档】—【另存为】，将文件换名保存。

点击菜单栏中【号型】—【号型编辑】命令，弹出"设置号型规格表"对话框，设置方法见4.3.2，设置号型的数量自定，本例设置6个号型：150/76A、155/80A、160/84A、165/88A、170/92A、175/96A，其中160/84A设为基码。

用 ✐ 工具的 ✲ 功能，以原型的前后腰围线为基准，分别向上绘制连衣裙的前后腰围辅助线，间距为2cm。以原型的后侧缝为基准，向左绘制平行线，间距为0.5cm，以原型的前侧缝为基准，向右绘制平行线，间距为1.5cm，用 ✐ 工具的连角功能修剪线条。用 ✐ 工具的"调整曲线长度"功能将前后片的侧缝线向上延长0.5cm，并用 ✐ 工具的 ✐ 功能，重新绘制连衣裙的胸围线。用 ✐ 工具的 ∫ 功能绘制连衣裙的后中心线，用 ✐ 工具的靠边功能，修剪线条，如图5-31所示。

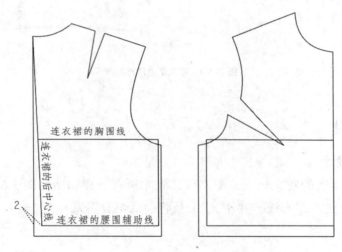

连衣裙的胸围线

连衣裙的后中心线

连衣裙的腰围辅助线

2

图 5-31

将线型设置为粗实线，用 ✐ 工具的 ∫ 功能绘制连衣裙的前后袖窿、领口、侧缝，用 ➤ 工具调整各弧线至光滑，用 ✐ 工具的 ∫ 功能重新绘制后肩线，具体尺寸和制图结果如图5-32所示。

用 ⬤ 工具，2等分后腰围，用 ✐ 工具的 ✐ 功能过等分点绘制垂线与胸围线相交，用 ✐ 工具的"调整曲线长度"功能将该线上端延长4cm，绘制成后省中线，用 ⬤ 工具的 ✐ 功能，绘制腰围线上的省大3cm，胸围线上的省大0.7，用 ✐ 工具的 ∫ 功能绘制后腰省，并重新绘制腰围线，如图5-33（a）所示，可将轮廓线设置为粗实线。

用 ✐ 工具的 ✐ 功能过BP点向下绘制垂线与连衣裙的腰围线相交，用 ⬤ 工具的 ✐ 功能，绘制省大2.5cm，用 ✐ 工具的 ∫ 功能重新绘制腰围线，用 ✐ 工具的 ✖ 功能将图4-33（b）所示的线段剪断，将左边的腰省线当新省线，用 ⬤ 工具将原型的胸省转移到新省线里，如图5-33（c）所示。

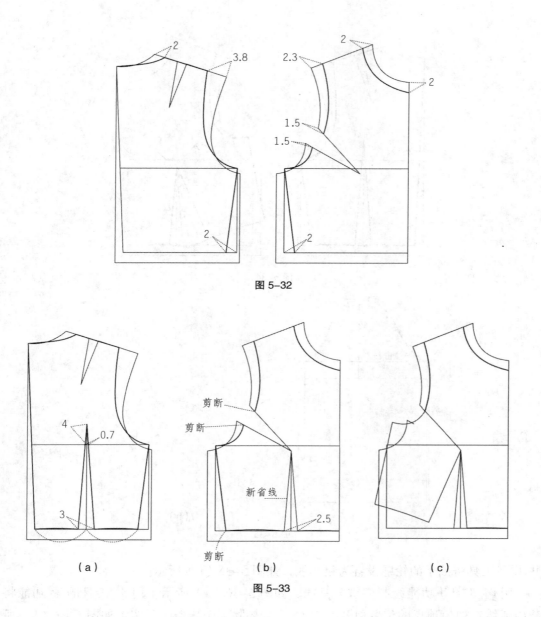

图 5-32

图 5-33

　　用🔧工具检查省道闭合后，腰围线是否流畅，并调整，用🗻工具给前后腰省加上省山，省道缝合后的倒向可自己设计，用✏工具的🗝功能绘制前片腰省的省中线，用▨▨工具和✏工具的✣功能配合，设置衣身部分的各线型，如图 5-34 所示。

　　用✏工具的🗝功能，以原型袖的后袖缝为基准，向右绘制平行线，间距 0.5cm，以原型袖的前袖缝为基准，向左绘制平行线，间距 1.5cm，以袖山袖为基准向下绘制平行线，间距 4.4cm，用✏工具的"调整曲线长度"功能将袖中线的上端延长 1cm，用✏工具的靠边功能修剪各线，如图 5-35（a）所示。

　　用✏工具🗝功能，"调整曲线长度"功能，绘制连衣裙袖子的前后袖缝和袖口线，

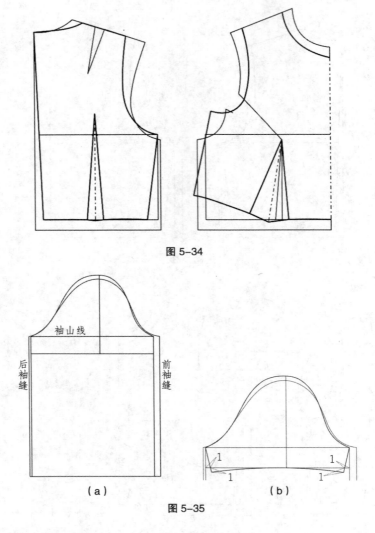

图 5-34

袖山线

后袖缝

前袖缝

（a）

1   1

1   1

（b）

图 5-35

　　并用▧工具将袖子的轮廓设置为粗实线，如图 5-35（b）所示。

　　用✎工具┏功能绘制褶皱分割线，如图 5-36（a）所示。用✎工具的┿✗功能将袖山弧线在袖山顶点的位置剪开，用✎工具擦除无关线条，只留下如图 5-36（b）所示的线条，选择▨工具，框选整个袖子，单击后袖山弧线靠左端，单击前袖山弧线靠右端，单击分割线 1、分割线 2，单击右键，弹出"结构线 刀褶/工字褶展开"对话框，在"上段褶展开量"和"下段褶展开量"后都输入"4"，勾选"上（下）段曲线连成整条"，"类型"下选择"刀褶"，勾选"刀褶倒向另一侧"，"褶线数目"选"3"，单击确定完成袖子褶皱设计，用▧工具将袖子的轮廓设置为粗实线，如图 5-36（c）所示。

　　用✎工具测量并记录后衣身两段腰围线的长度，用✎工具绘制宽为：后腰围线的长度*1.5,高为 54 的矩形。用✎工具┏功能从上平线向下 1cm 绘制裙身部分的腰围线，如图 5-37（a）所示，用✎工具擦除无关线条，如图 5-37（b）所示。选择▨，框选

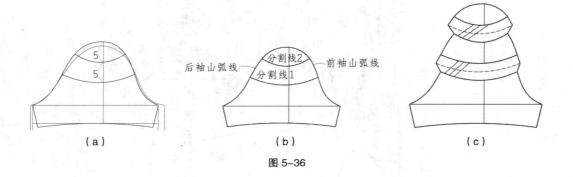

图 5-36

整个图形，单击右键，依次单击裙身腰围线和下摆线，在图形左边单击右键，弹出"单向展开或去除余量"对话框，"分割线条数"后输入"5"，"总伸缩量"后输入"15"，"处理方式"选择"顺滑连接"，单击"确定"，完成后裙片展开，如图 5-37（c）所示。

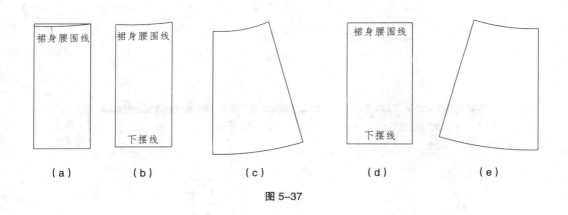

图 5-37

用同样的方法绘制后裙片。 工具测量并记录前衣身两段腰围线的长度，用 工具绘制宽为：前腰围线的长度 *1.5，高为 54 的矩形，如图 5-37（d）所示。 工具展开裙子下摆，各参数设置同后裙片。前裙片展开结果如图 5-37（e）所示。

工具设置各线型，至此，连衣裙结构图绘制完成，如图 5-38 所示。

2. 净样板设计

用菜单【纸样】—【做规则纸样】，做一个长为前后腰围之和的 2 倍，宽为 2cm 的腰带，用 工具剪取各衣片，用 工具调整各衣片纱向，双击纸样栏里的衣片修改衣片的名称和布料类型，为方便放码，用 工具修改各点属性，用 工具将各片缝份修改为 0。至此，连衣裙主要净板制作完成，如图 5-39 所示。

3. 放码设计

连衣裙各衣片的档差分配如图 5-40 所示。

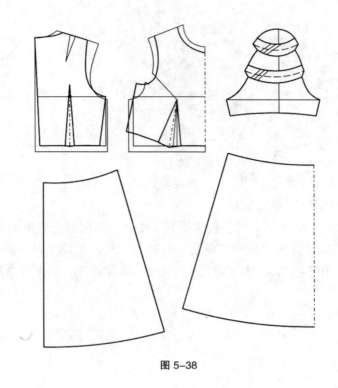

图 5-38

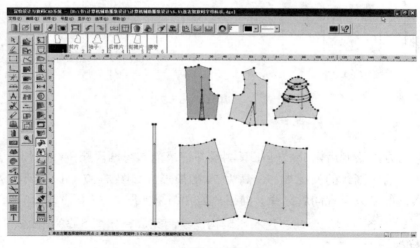

图 5-39

　　衣身放码，将各衣身按照图 5-41 所示进行排列，用 ![]工具修改各点属性（有代码的才设置为放码点），本例放码时默认 O 点为放码原点。各点具体放码数值参看表 5-2，主要采用 ![] 和 ![] 工具配合放码，凡是同样英文代码的点可表示其放码数值一样，最好同时框选，同时放码，提高工作效率，具有同样水平或竖直方向放码值的点也可同时框选，同时放码。衣身各片放码结果如图 5-42 所示。

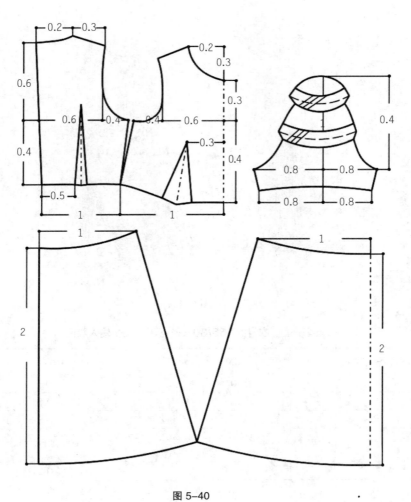

图 5-40

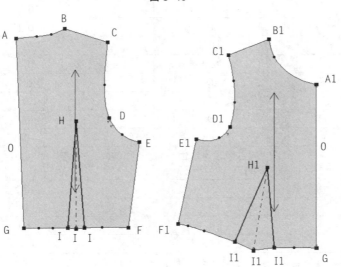

图 5-41

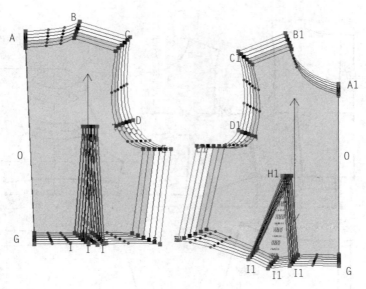

图 5-42

表 5-2　衣身的 155/80A 各点 dX、dY 输入数值

后片各点代码	dX	dY
O(原点)	0	0
A	0	−0.6
B	−0.2	−0.6
C	后片布纹线为底边；勾选"档差"；"高度"为−0.5；"各码与前放码点平行"；"均码"	
D	−0.6	−0.2
E	−1	0
F	−1	0.4
G	0	0.4
H	−0.5	0
I	−0.5	0.4
前片各点代码	dX	dY
O(原点)	0	0
A1	0	−0.3
B1	0.2	−0.6
C1	A1G线段为底边；勾选"档差"；"高度"为−0.5；"各码与后放码点平行"；"均码"	
D1	0.6	−0.2
E1	1	0
F1	1	0.4
G	0	0.4
H1	0.3	0
I1	0.3	0.4

袖子放码点如图5-43（a）所示，用工具修改各点属性（有代码的才设置为放码点），本例放码时默认O点为放码原点。各点具体放码数值参看表5-3，主要采用和工具配合放码，袖子放码结果如图5-43（b）所示。

裙身和腰带放码点如图5-44所示，用工具修改各点属性（有代码的才设置为放码点），本例放码时默认O点为放码原点。各点具体放码数值参看表5-4，主要采用和工具配合放码，放码结果如图5-45所示。

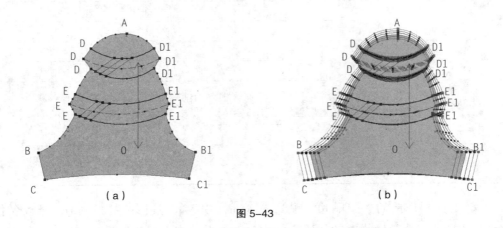

图 5-43

表5-3 袖子的155/80A各点dX、dY输入数值

袖子各点代码	dX	dY
A	0	−0.4
B	0.8	0
B1	−0.8	0
C	0.8	0.1
C1	−0.8	0.1
D	0.25	−0.3
D1	−0.25	−0.3
E	0.5	−0.2
E1	−0.5	−0.2

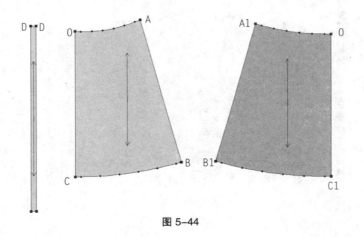

图 5-44

表5-4　裙身和腰带的155/80A各点dX、dY输入数值

后裙片各点代码	dX	dY
O	0	0
A	−1	0
B	输入dY：1.5，用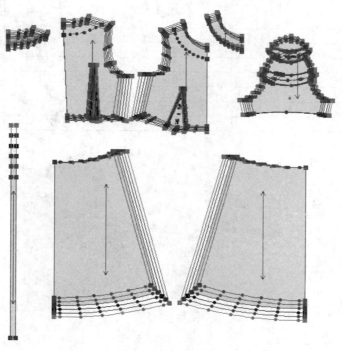工具单击侧缝线（AB线），单击右键，弹出"平行放码"对话框，选择"相对档差"，在155/80A后输入：−1，勾选"均码"，单击"确定"。	
C	0	1.5
前裙片各点代码	dX	dY
O	0	0
A1	1	0
B1	输入dY：1.5，用工具单击侧缝线（A1B1线），单击右键，弹出"平行放码"对话框，选择"相对档差"，在155/80A后输入：−1，勾选"均码"，单击"确定"。	
C1	0	1.5
腰带各点代码	dX	dY
D	0	−4

　　用工具制作前后领口贴边，贴边宽4cm，用工具修改缝份为0，修改名称。用工具给各衣片轮廓线上的放码点加剪口。至此，连衣裙放码设计完成，如图5-46所示。

图5-46

4. 毛板设计

使全部纸样进入右工作区，切换 F4 键可以隐藏和显示放码结果。用 ▮ 工具制作前后领口贴边、腰带衬，并修改名称，面料类型设置为衬。用 ▮ 工具，左键单击任一衣片的任何一个点，弹出"加缝份"的对话框，"起点缝份量"后输入"1"，再点击"工作区内全部纸样统一加缝"份，则所有衣片的各条轮廓线均向外加放了 1cm 的缝份。因为服装不同部位的工艺处理方式不同，所以各个部位的缝头大小、边角处理方式都不同，需要对缝头做进一步调整，裙身和袖口的折边都改为 2cm，领口和袖口的边角设计方法同女短上装。用 ▮ 工具将前衣片、前裙片、前领口贴边对称展开，连衣裙毛板如图 5-47 所示。

至此，连衣裙的纸样设计完成，保存即可。

图 5-47

5.5.3 排料设计

"单位选择"、"唛架设定"的方法参看 4.3.3 节，此处不一一赘述，直接跳入选取款式环节，在"选取款式"对话框中，点击"载入"，根据连衣裙装的存储路径打开纸样文件，则弹出"纸样制单"对话框，可以设置面料的缩水率、裁片的参数、各个号型排料的套数，设置偶数纸样是否要求对称等等，点击"确定"完成，则又进入"选取款式"对话框，可以选择多个纸样文件套排，点击"确定"完成，如图 5-48 所示。

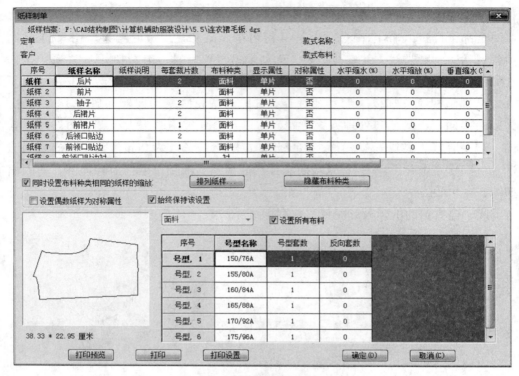

图 5-48 设置参加排料的裁片参数

进入排料系统界面后，则纸样窗和尺码表里出现选中的纸样及其基本资料。为了提高工作效率，可以采用系统的自动排料功能。单击【排料】—【开始自动排料】，则系统会自动进行排料，排料结束会弹出"排料结果"对话框。在排料结果里，会列出所排纸样的各个参数，并会显示面料的利用率，如图 5-49 所示。

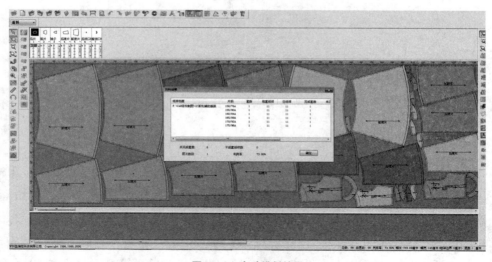

图 5-49 自动排料结果

　　如果采用人机交互式排料，则可以左键选中号型，再左键双击需要排料的衣片（或者直接双击号型），则该衣片自动进入排料唛架，在唛架内，左键点击衣片，同时按住鼠标并滑动可以移动衣片，在合适的位置松开左键定位置。光标在排料唛架指向纸样，点击右键，可以翻转衣片。移动衣片位置可以按小键盘上的↑、↓、←、→方向键，则纸样会自动向唛架的最上边、下边、左边和右边移动，如果碰到别的纸样，会自动与其紧靠。如果需要将唛架上所有衣片都放回纸样窗，则点击【唛架】—【清除唛架】，如果只放几个衣片，则可以直接双击唛架上的衣片即可。排料结果可以直接看窗口右下角，也可以单击【排料】—【排料结果】。

　　则连衣裙的排料完成，同样的方法进行衬料的排料，最后保存即可。

5.6 小结

　　本节主要介绍了如何设计构思一款连衣裙，如何用 Photoshop 绘制其效果图、用 CorelDraw 绘制其平面款式图；如何根据效果图和款式图，应用富怡服装设计与放码系统设计其完整纸样，应用富怡服装排料系统设计排料图，读者应注意掌握设计构思—效果图设计—款式图设计—纸样图设计—排料图设计的计算机辅助服装设计过程。

　　练习题：

　　请自定风格，设计一款时装，用计算机完成其服装效果图、平面款式图、纸样设计图和排料设计图。

参考文献

【1】栩睿视觉. CorelDRAW女装款式设计与绘制1000例[M]. 北京：人民邮电出版社，2011.

【2】张文斌. 服装结构设计[M]. 北京：中国纺织出版社，2008.

【3】三吉满智子（日）. 服装造型学（理论篇）[M]. 北京：中国纺织出版社，2008.

【4】深圳市盈瑞恒科技有限公司. 富怡服装CADV8教程，2010.

【5】张文斌. 服装制版（基础篇）[M]. 上海：东华大学出版社，2010.

【6】张鸿志. 服装CAD原理与应用[M]. 北京：中国纺织出版社，2005.

【7】张玲，张辉. 服装CAD板型设计[M]. 北京：中国纺织出版社，2005.

【8】文化服装学院（日）. 服装造型讲座（大衣·披风）[M]. 上海：东华大学出版社，2005.

【9】杨新华，李丰编著. 工业化成衣结构原理与制板（女装篇）[M]. 北京：中国纺织出版社，2006.